로렌츠가 들려주는 야생 거위 이야기

로렌츠가 들려주는 야생 거위 이야기

초 판 1쇄 발행일 | 2005년 9월 20일
개정판 1쇄 발행일 | 2010년 9월 1일
개정판 11쇄 발행일 | 2021년 5월 31일

지은이 | 손선영
펴낸이 | 정은영
펴낸곳 | (주)자음과모음

출판등록 | 2001년 11월 28일 제2001－000259호
주 소 | 04047 서울시 마포구 양화로6길 49
전 화 | 편집부 (02)324－2347, 경영지원부 (02)325－6047
팩 스 | 편집부 (02)324－2348, 경영지원부 (02)2648－1311
e－mail | jamoteen@jamobook.com

ISBN 978－89－544－2047－1 (44400)

로렌츠가 들려주는

야생 거위 이야기

| 손선영 지음 |

(주)자음과모음

로렌츠를 꿈꾸는 청소년을 위한 '야생 거위' 이야기

어릴 적 우리 집은 늘 동물들의 차지였습니다. 암수 고양이 1쌍과 새끼 고양이 10마리, 그리고 강아지 7마리와 여러 마리의 닭들이 마당에서 한 살림을 차렸습니다.

우리 집에 있는 동물들은 그냥 키우는 애완용 동물이 아니라 가족이며 식구였습니다. 평소에는 대부분의 동물들이 나를 무시했지만 내가 어디에선가 공격을 받고 있으면 순식간에 모여들어 내 편을 들어 주곤 했습니다.

이 지구에는 무수히 많고 다양한 생명체가 있습니다. 그리고 이러한 생물들 사이에는 서로를 이해할 수 있는 순간이 있습니다. 우리는 이 세상 모든 동물들과 하나의 가족이 될 수 있습니다. 그 동물들을 지배하거나 관리하는 것이 아니라 단순히 함께 시간을 보내고 애정을 쏟는 것만으로도 말입니다.

이 책은 로렌츠가 야생 거위와 오랜 시간을 함께 하면서 얻은 관찰의 기록입니다. 그들이 어떻게 사랑하고, 어떻게 싸우며, 자신의 삶을 위해 어떠한 노력을 하는지 보여 주는 일기인 것입니다. 야생 거위에 대한 관찰 기록을 통해 여러분은 주변의 다양한 동물과 대화하고, 그 동물들을 이해하는 방법을 배우게 될 것입니다.

과학은 우리에게 도움이 되는 사람들의 본성입니다. 막 눈을 뜬 새끼 야생 거위가 세상에 대한 호기심을 갖고 이것저것 쪼아 보며 다니는 것처럼 사람들은 이 세상을 좀 더 깊숙이 이해하고 싶어합니다.

이 책을 통해 과학을 딱딱하고 엄격한 지식으로 생각하는 많은 청소년들이 과학과 관찰의 기쁨을 느낄 수 있기를 바랍니다.

끝으로 이 책이 나오기까지 도움을 주신 모든 분들께 감사드립니다.

손 선 영

차례

첫 번째 수업 1

야생 거위는 언제부터 어미를 알아볼까?

야생 거위는 어미를 어떻게 알아볼까요?
각인은 어미의 모습을 머릿속에 새겨 넣는 것처럼 보이기도 합니다.
각인에 대해서 자세하게 알아봅시다.

1

첫 번째 수업

야생 거위는 언제부터 어미를 알아볼까?

교과 연계

초등 과학 3-1	3. 동물의 한살이
초등 과학 3-2	2. 동물의 세계
초등 과학 5-2	1. 환경과 생물
초등 과학 6-1	5. 주변의 생물
중등 과학 1	4. 생물 구성의 다양성

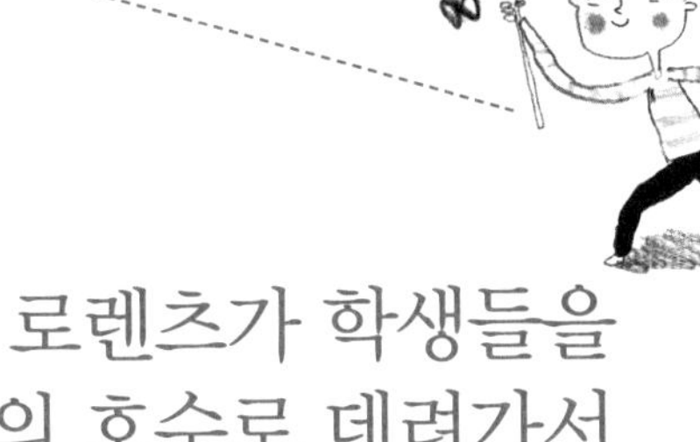

로렌츠가 학생들을 연구소 근처의 호수로 데려가서 첫 번째 수업을 시작했다.

야생 거위와 집 거위는 어떻게 다른가요?

본격적인 수업을 하기 전에 거위에 대해 알아봅시다. 일반적으로 거위라고 하면 대부분 집 거위를 뜻합니다. 생물학적 분류를 살펴보면 거위는 기러기목 오리과에 속하는 물새로, 사람들이 알이나 고기를 얻기 위해 사육하는 가금용 조류입니다.

거위는 오리와 비슷하게 생겼지만 그 크기가 오리보다 2~3배 크고 목이 길며, 부리가 투박하고 부리 위에는 작은

혹이 돋아 있습니다. 대부분 몸 전체가 하얀색을 띠지만, 간혹 등에 잿빛이나 갈색 무늬가 있는 거위도 있습니다. 또한 다리가 짧고 네 발가락 사이에 물갈퀴가 있어 헤엄을 칠 수 있지만, 물을 썩 좋아하지는 않습니다. 그리고 집 거위는 대부분 날지 못하거나 날 수 있더라도 먼 거리를 날아다니지는 못합니다.

거위는 본래 야생의 기러기를 잡아다가 사람들이 길들인 것으로 여겨집니다. 이미 4,000년 전 이집트에서 사육된 기록이 있는 것으로 보아 개나 고양이처럼 사람들과 일찍부터 함께한 동물입니다.

지금 한국에서 기르고 있는 거위는 아시아나 미국, 아프리

한국에서 기르는 집 거위

유럽에서 기르는 집 거위

카 등에서 기르는 종류와 같은데 거위의 모습은 세계 어디에서나 비슷합니다. 하지만 유럽 쪽에서 기르는 거위는 몸집이 좀 크고 부리 위에 혹이 없어서 한국의 집 거위와 쉽게 구별됩니다.

집 거위는 주로 식용으로 사육되지만, 길러 주는 사람과 남을 잘 구별하고 주인을 잘 따르기 때문에 집 보기용으로 키우는 경우도 있습니다. 낯선 사람이나 동물이 나타나면 매우 시끄러운 소리로 울지요.

우리가 이 책에서 공부할 야생 거위는 기러기목 오리과 기러기에 속하거나 기러기목 오리과 흑기러기에 속하는 물새로 갯벌이나 습지, 호수 등을 자유롭게 날아다닙니다. 또한 한곳에 오래 머물지 않고 계절에 따라 알맞은 환경을 찾아 이동하는 철새입니다. 상당히 먼 거리까지 날아다닌다는 점에서 집 거위와 많이 다르지요. 그래서 야생 기러기라고 표현하는 사람들도 많습니다.

집 거위와 야생 거위 모두 물 위에서 짝짓기를 합니다. 보통 4~5월 즈음에 짝짓기를 해서 오리 알보다 2배 정도 큰 알을 낳습니다. 알이 부화되기까지는 보통 30일 정도가 걸리는데, 암컷이 알을 품으면 수컷은 그 주위를 떠나지 않고 암컷을 보살핍니다.

기러기　　　　　　　　　　　　　유럽 야생 거위

거위는 음식을 크게 가리지 않고 아무 것이나 잘 먹을 뿐만 아니라 추위에도 강해서 주로 추운 나라에 삽니다. 여름에는 추운 나라에서 더위를 피해 살다가 겨울에는 한국에도 오지요. 한국에서는 주로 큰기러기와 쇠기러기를 볼 수 있습니다. 하지만 이 책에서 다루고 있는 야생 거위는 한국의 큰 기러기가 아니라 유럽의 철새인 야생 거위입니다.

자, 그럼 이제 거위를 만나러 가 볼까요?

새끼 거위의 탄생

로렌츠가 학생들에게 거위의 알을 만져 보게 하였다.

거위의 알에도 앞과 뒤가 있을까요? 양 끝의 차이가 있나요?

__ 한쪽은 뭉툭하고 한쪽은 뾰족해요.

네, 바로 그 알의 뭉툭한 끝이 거위의 가스실입니다. 가스실과 다른 내용물 사이에는 얇은 막이 있는데 알 속의 거위는 이 막을 통해 산소를 얻습니다. 거위가 알을 깨고 나오기 위해서는 먼저 가스실과 다른 내용물 사이의 막을 찢어야 허파로 숨을 쉴 수 있게 됩니다.

과학자의 비밀노트

로렌츠의 연구소

로렌츠가 야생 거위의 생태를 연구하였던 곳은 오스트리아 북쪽에 위치한 알름 계곡에 있었다. 그곳은 문명에 의해 손상되지 않은 자연 환경을 지니는 곳으로, 계곡을 따라 작은 알름 강이 흐른다. 강을 따라 내려가다가 계곡이 넓어지는 지점에는 야생 거위들이 방해받지 않고 알을 품을 수 있도록 커다란 섬들로 둘러싸인 연못도 조성되어 있다. 연구소에서는 야생 거위 외에 멧돼지와 비버도 연구하였다.

__알을 우리가 부화시킬 수도 있나요?

야생 거위의 알을 우리가 부화시키는 것은 매우 어렵습니다. 어미 거위는 태어날 때부터 알을 어떻게 해야 부화시킬 수 있는지 알지만 우리는 잘 알지 못합니다. 그래서 나는 집 거위에게 알을 품도록 했었는데 대부분 실패했습니다.

새들의 알마다 알을 품어 줘야 하는 시간과 온도가 약간씩 다릅니다. 집 거위는 쉬는 시간 없이 알을 품지요. 잘못하면 집 거위가 품은 알이 너무 따뜻해서 상해 버리기도 합니다. 야생 거위는 알을 품을 때 규칙적인 간격을 두고 알을 식혀 줍니다. 그래야 알의 가스실에 신선한 공기가 들어갈 수 있어요.

알을 품을 때는 골고루 따뜻한 열이 전달되도록 해야 하기

때문에 중간마다 자주 알을 굴려야 합니다. 가끔씩 우리는 암컷 집 거위를 둥지에서 억지로 밀어내고, 부지런히 알을 굴려 줘야 하죠. 이때 고집스럽게 둥지를 지키는 집 거위를 내쫓다가 손가락을 물리기도 합니다. 야생 거위의 어미가 하면 쉬워 보이는 부화 작업을 우리가 대신하려면 많은 노력과 관심이 필요하지요.

__ 알에서 무슨 소리가 나는 것 같아요.

알 속의 거위가 막을 찢어 허파로 숨을 쉴 수 있게 되면 소리를 내기 시작해요. 알 속에서 소리가 나면 야생 거위 어미도 알을 향해 독특한 소리를 냅니다. 야생 거위는 알 속에서부터 어미와 대화를 나눌 수 있어요.

한 학생이 소리를 질렀다.

__야생 거위의 알에 구멍이 생기고 있어요! 이제 곧 거위가 나오려나 봐요.

첫 번째 구멍이 생기고 난 후에도 꽤 오랜 시간이 지나야 알에서 완전히 나올 수 있어요. 야생 거위에게는 부화에만 사용하는 난치라는 이빨이 있는데, 보통의 이빨처럼 입안에 있지 않고 코끝에 있어요. 새들은 알에서 깨어날 때 공간이 부족합니다. 그래서 부리로 알 껍데기를 쪼을 수 없기 때문에 숙여진 목을 강하게 펴면서 코끝의 난치로 껍데기를 밀어서 깨지요.

새끼가 알 속에서 몸을 조금씩 돌리면 알의 뭉툭한 끝에 큰 구멍이 생겨요. 바로 그 순간 목을 쭉 뻗으며 머리가 바깥으로 나오는 겁니다.

드디어 새끼 거위가 알 속에서 세상에 처음 고개를 내밀었습니다. 감동적인 순간이죠. 자, 다 같이 새끼 거위가 나오는 모습을 지켜봅시다.

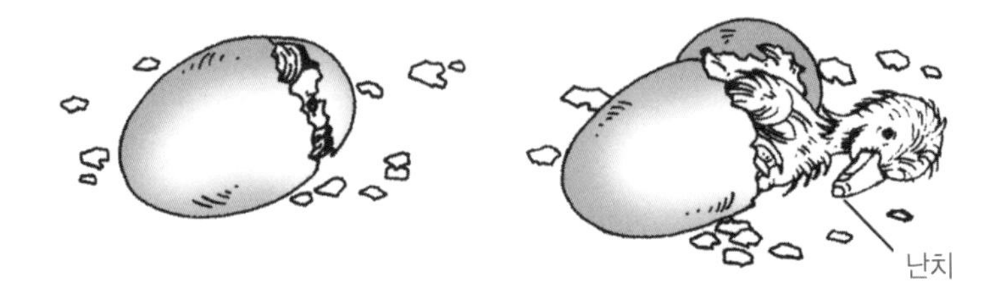

새끼 거위의 각인

새끼 거위가 알에서 깨어나 고개를 들기 시작하면 절대로 소리를 내거나 움직이면 안 돼요. 거위가 머리를 들고 목을 쭉 뻗으며 인사하듯이 보일 때, 같이 인사를 하게 되면 지금 막 태어난 새끼 거위는 여러분을 어미 거위로 받아들여요. 여러분은 그 순간부터 야생 거위 새끼의 엄마가 되어야 하는데, 엄마 역할을 잘 하지 못하면 새끼 거위는 거위로서 사는 방법을 배우지 못하거나 죽을 수 있어요.

누군가에게 엄마가 된다는 건 굉장히 큰 책임감이 필요하고 어려운 일입니다. 그 책임을 지지 않으려면 거위와 눈을 맞추지 말고 움직이지도 마세요. 여러분 중 누군가가 움직이거나 말을 해서 지금 깨어날 거위에게 진짜 어미로 각인된다면, 여러분은 그 거위의 보모가 되어야 합니다.

한 학생이 손을 들고 질문했다.

__우리는 거위와 완전히 다르게 생겼는데 어떻게 우리를 엄마라고 생각할 수 있나요?

배우지 않고 태어날 때부터 갖고 있는 능력을 우리는 본능이라고 해요. 거위에게는 각인이라고 하는 본능이 있어요. 태어난 후 처음 몇 시간 동안 움직이고 대화를 나눈 상대를 엄마로 생각하는 것을 각인이라고 하죠. 이렇게 각인이 일어나는 동안 모양이나 크기, 생김새는 중요하지 않아요.

__막 태어났을 때에만 각인이 일어나는 건가요?

각인이 항상 일어날 수 있는 것은 아니에요. 각인이 일어나는 결정적 시기가 있어요. 야생 거위는 태어나서 16~17시간 내에 각인이 일어납니다. 가능하면 각인이 일어나는 시기에는 주변에 다른 사람이나 동물이 없어야 하죠.

각인이라고 하는 과정을 몰랐을 때, 나도 새끼 거위에게 어미로 각인된 적이 있어요. 태어난 지 얼마 안 된 새끼 거위가 쉴 새 없이 울고 있었어요. 그런데 내가 몸을 움직이자 울음을 그치더니, 목을 앞으로 뻗은 채 필사적으로 나를 향해 달려왔죠. 나는 새끼 거위의 엄마 역할을 할 생각은 없었기 때문에 다른 어미 거위의 배 밑에 새끼 거위를 밀어넣고 그 자

리를 떠나려고 했어요. 그런데 겨우 몇 발짝 가기도 전에 등 뒤에서 시끄럽게 우는 소리가 들렸어요. 가엾은 새끼가 죽을 힘을 다해 나를 쫓아왔죠. 아직 서 있을 수조차 없으면서 비틀비틀 구르다시피 필사적으로 돌진해 왔죠.

결국은 그 새끼 거위를 집으로 데려왔어요. 집에 데려온 후에도 새끼 거위는 옆에 내가 없으면 죽을 듯이 울어 댔기 때문에, 결국 나는 잠잘 때나 화장실에 갈 때에도 새끼 거위를 데리고 다닐 수밖에 없었어요. 어느 곳에 가든 새끼 거위를 데리고 다니는 것도 힘들지만, 비가 오든 바람이 불든 바깥 세상에 적응할 수 있도록 새끼 거위와 밖에서 놀아 주는 것도 굉장히 힘든 일이었어요.

이때 한 학생이 손을 들고 질문했다.

__사람한테도 각인이 있나요?

사람한테는 야생 거위와 같은 강한 각인은 없어요. 하지만 태어난 지 얼마 안 된 아기들이 엄마를 찾고, 엄마가 없으면 울거나 엄마와 떨어지지 않으려고 하는 모습이 비슷하긴 하죠.

하지만 사람은 태어나서 첫 번째로 얘기하거나 움직인 사람만 쫓아다니진 않아요. 오히려 오랫동안 보살피면서 눈에 익숙한 사람을 찾고 의지하죠. 또, 야생 거위처럼 꼭 하나만 쫓아다니지도 않아요. 주변에 익숙한 사람이 많으면 여러 사람에게 의지한다는 점에서 약간 달라요.

__각인이 있는 다른 동물은 없나요?

각인이 되려면 어미를 알아보기 위한 능력이 필요해요. 시력이나 청력, 후각 등 어미를 알아볼 수 있는 감각이 있어야 하죠. 야생 거위 말고도 각인이 있는 동물들이 있는데 대부분 새 종류예요. 새들은 대부분 태어날 때부터 시력이 좋아서 태어나자마자 어미를 알아볼 수 있죠.

하지만 몇몇 곤충이나 포유류도 각인이 있다고 밝혀지고 있어요. 모양이나 소리가 아니더라도 촉각이나 냄새로도 각인이 일어날 수 있다고 하니까 연구해 보면 각인을 가진 동물들이 적지 않을 겁니다. 우리 주변에서 흔히 볼 수 있는 오리도 각인이 있어요.

__ 잘못된 각인을 고칠 수는 없나요?

한 번 각인이 일어나면 고쳐지거나 다시 각인될 수 없어요. 각인은 절대적인 영향력을 갖는답니다.

__ 결정적 시기는 모든 동물한테나 똑같이 있나요?

야생 거위나 오리는 17시간 이내에 각인이 일어나지만, 새들 중에는 종류에 따라 각인이 일어나는 결정적 시기가 50일 정도까지 됩니다.

드디어 새끼 거위가 고개를 들기 시작했다.

지금 새끼 거위가 고개 들기를 시도하고 있어요. 고개 들기는 각인의 첫 단계로, 어미를 찾아 주변을 둘러볼 준비를 하

는 거예요. 내가 이야기를 하고 있으니까 새끼 거위가 나를 쳐다보지요? 새끼 거위가 내게 인사를 하고 있는 것 같지 않나요? 머리를 들고 나를 향해 고개를 쭉 뻗는 모습이 보이죠? 각인의 가장 중요한 단계는 지금입니다.

새끼 거위가 뚫어질 듯 쳐다보는 게 보이죠? 마치 어미의 모습을 머릿속에 새겨넣는 것처럼 보이기도 해요. 그래서 이 과정을 각인이라고 하죠. 각인이라는 말은 도장에 글씨를 파서 새겨 넣는 것을 말하거든요. 머릿속에 무언가를 새겨 넣으면 절대 바뀌지 않기 때문에 동물들의 이런 행동을 각인이라고 하는 겁니다.

이제 나는 지금 막 태어난 새끼 거위의 어미가 되는 큰 책임을 맡게 되었어요. 다음 시간에는 막 태어난 새끼 거위를 어미 대신 어떻게 키워야 할지에 대해 알아봅시다.

만화로 본문 읽기

선생님! 거위가 알을 깨고 나오기 시작해요.
새끼 거위가 알에서 깨어나 고개를 들기 시작하면 절대로 소리를 내거나 움직이면 안 돼요.
네? 왜요?

거위가 머리를 들고 목을 쭉 뻗으며 인사하듯이 보일 때 같이 인사를 하게 되면, 막 태어난 새끼 거위는 여러분을 어미 거위로 받아들여요. 여러분은 그 순간부터 새끼 거위의 엄마가 되어야 하는데, 만약 좋은 엄마 역할을 하지 못하게 되면 새끼 거위는 거위로서 사는 방법을 배우지 못하거나 죽을 수 있어요.

그 책임을 지지 않으려면 거위와 눈을 맞추지 말고 움직이지도 마세요.
네? 우리는 거위와 완전히 다르게 생겼는데 어떻게 우리를 엄마라고 생각할 수 있나요?

거위에게는 '각인'이라고 하는 본능이 있어요. 태어난 후 처음 몇 시간 동안 움직이고 대화를 나눈 상대를 엄마로 생각하는 것을 말하죠. 각인이 일어나는 동안 상대의 모양이나 크기, 생김새는 중요하지 않답니다.
그럼, 각인은 막 태어났을 때에만 일어나는 건가요?

각인이 항상 일어날 수 있는 것은 아니에요. 야생 거위는 태어나서 16~17시간 내에 각인이 일어납니다. 나도 이 사실을 모르고 새끼 거위에게 어미로 각인된 적이 있었어요. 이후에 다른 거위의 배 밑에 새끼 거위를 밀어 넣어 봤지만 소용이 없었죠.
엄마~
헉!
불쌍해라.
그런데 선생님, 사람한테도 각인이 있나요?

사람한테는 야생 거위와 같은 강한 각인은 없어요. 하지만 태어난 지 얼마 안 된 아기들이 엄마를 찾고, 엄마가 없으면 울거나 엄마와 떨어지지 않으려고 하는 모습이 비슷하긴 하죠. 그러나 사람은 오히려 오랫동안 보살피면서 눈에 익숙한 사람을 찾고 의지하죠. 또 야생 거위처럼 꼭 하나만 쫓아다니지도 않고요. 주변에 익숙한 사람이 많으면 여러 사람에게 의지한다는 점에서도 거위와 달라요.

두 번째 수업

2

새끼 거위 건강하게 돌보기

새끼 거위를 돌보는 데는 상상 이상의 어려움과 지식이 필요합니다. 새끼 거위에게 어미로 각인된다는 건 새끼 거위의 독립심이 커질 때까지는 항상 함께 해야 한다는 것입니다.

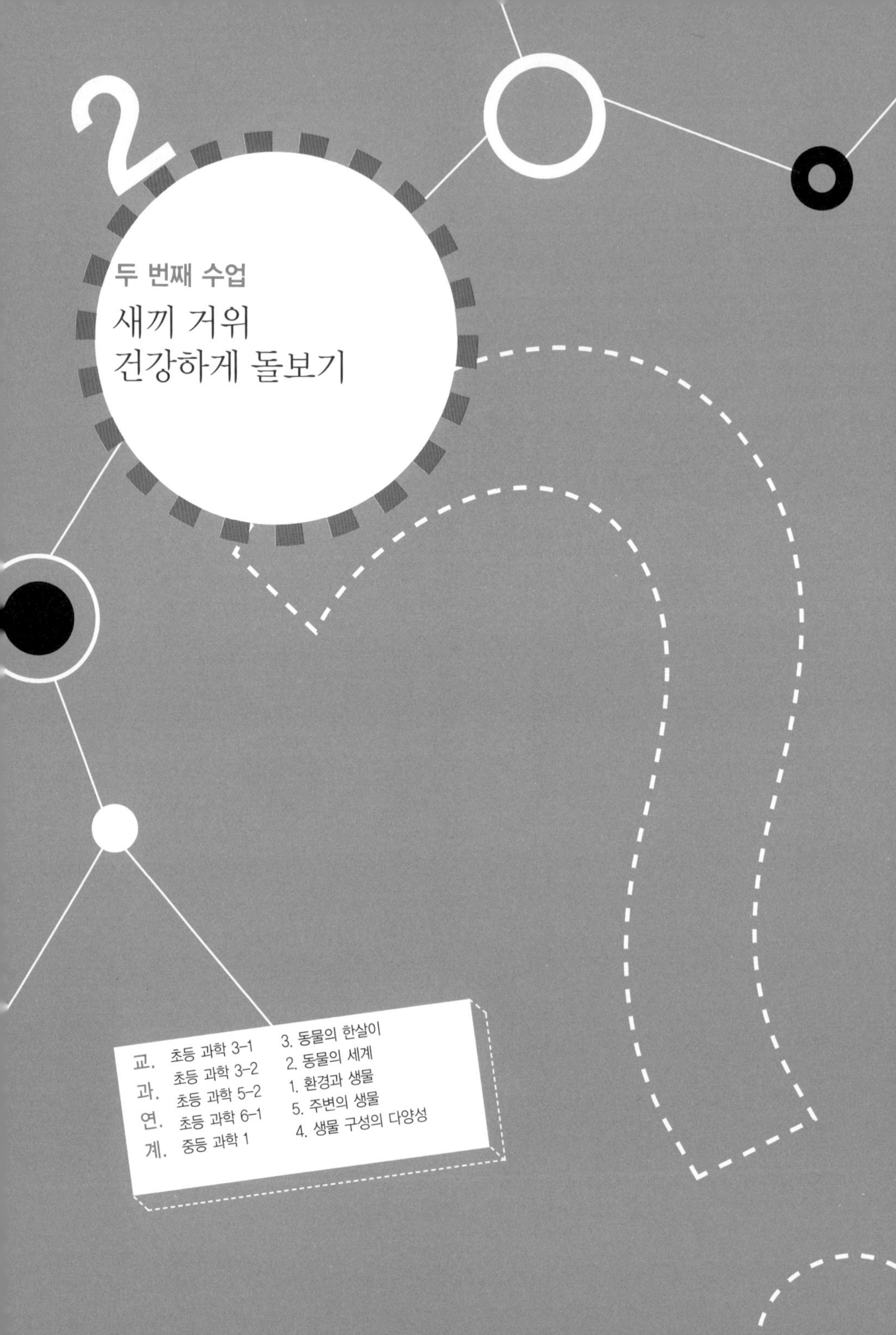
2
두 번째 수업
새끼 거위
건강하게 돌보기
교.
과.
연.
계.
초등 과학 3-1 3. 동물의 한살이
초등 과학 3-2 2. 동물의 세계
초등 과학 5-2 1. 환경과 생물
초등 과학 6-1 5. 주변의 생물
중등 과학 1 4. 생물 구성의 다양성

로렌츠가 지난 시간에 배운 내용을 상기시키며 두 번째 수업을 시작했다.

지난 시간에 우리는 야생 거위의 탄생과 각인 과정을 지켜보았습니다. 야생 거위와 함께하기 위해서는 탄생보다 훨씬 고달프고 어려운 일이 남아 있습니다. 바로 태어난 새끼 거위를 어미 대신 건강하게 키우는 것이지요.

__앗, 선생님. 여기 새끼 오리가…….

나를 어미로 각인한 새끼 오리가 내 앞에 있군요. 큰 책임감이 느껴지네요. 어떻게 하면 아프지 않고 야생 거위로 잘 살아갈 수 있는지 알아봅시다.

__네, 선생님.

새끼 거위 돌보기

여기 야생 거위 새끼가 있어요. 지난 시간에 본 것과 같은 거위인데 어딘가 달라 보이죠?

__지난 시간에는 푹 젖어 있어서 작아 보였는데 오늘은 굉장히 커 보여요.

막 태어난 새끼들은 촉촉하게 젖은 것처럼 보이지만 사실은 젖어 있지 않아요. 새끼 거위의 솜털에 작은 껍데기들이 들러붙어 있어서 그렇게 보이는 것뿐이랍니다. 그 작은 껍데기들은 공기에 닿아서 마르게 되면 고운 가루처럼 떨어집니다. 그러면 털이 보송보송하니까 막 태어났을 때보다 훨씬 커 보여요. 털이 보송보송해야 물속에서 가라앉지 않고 다닐 수 있는데, 그렇게 유지하는 건 매우 어려운 일이에요.

__새끼 거위의 털은 원래 보송보송하지 않은가요?

그렇지 않아요. 새끼 거위를 물에 그냥 두면 결국엔 젖어서 물속을 다니지 못하게 될 수도 있어요.

그래서 나는 지금 고민하고 있습니다. 야생 거위 어미가 직접 기르는 새끼들은 물속을 잘 돌아다니는데 왜 내 거위들은 물속에서 편안하게 떠 있지 못할까요? 나는 도대체 어떻게 해야 할까요?

학생들이 웅성거리며 토의하기 시작했다.

__기름을 발라 주면 안 될까요? 기름은 물에 뜨잖아요. 물에 젖지도 않고…….

__기름이 어디 있는데? 어미 야생 거위가 기름을 들고 다니면서 발라 주지도 않을 테고.

로렌츠가 학생들의 토의에 끼어들었다.

어른 야생 거위의 엉덩이 쪽에는 지방이 나오는 지방선이 있어요. 어른 야생 거위의 지방을 짜서 새끼 거위의 날개에 발라 보겠습니다.

학생들이 어리둥절해하다가 킥킥대며 웃었다.

지방을 발랐더니 새끼 거위들이 모두 젖은 것 같아요. 너무 못생겼어요. 지방을 발라서는 털이 보송보송해지지 않을 것 같아요. 기름기를 수건으로 닦아 줘야겠어요.

털에 묻은 기름기를 명주 수건으로 열심히 닦으니까 다시 보송보송해지네요. 열심히 문지르면 새끼 거위의 깃털과 수건 사이에 정전기가 생기면서 더 보송보송해지지요.

그때 한 학생이 호기심 어린 얼굴로 질문했다.

__그럼 보통 때 거위들은 어떻게 털을 부풀리죠? 우리처럼 수건도 없는데 말이죠.

새끼 거위에게는 우리가 문질러 주는 수건보다 더 좋은 게 있어요. 바로 어미 거위의 깃털이죠. 저기 어미 거위가 기르고 있는 새끼 거위를 보세요. 어미 거위가 자신의 깃털로 새끼를 열심히 문지르고 있는 게 보이죠?

어떤 큰 거위는 자기가 직접 날개로 털을 닦기도 해요.

거위뿐만 아니라 다른 물새들도 가만히 보면 열심히 목욕을 하고 닦는 것처럼 보여요. 우리의 눈에는 목욕으로 보이지만, 사실 거위는 물에 잘 떠 있기 위해 기름을 바르고 보송보송해지도록 정전기를 만들고 있는 겁니다. 새끼들은 엉덩이에 지방선도 없고 어미처럼 세게 문지를 수도 없기 때문에 어미 거위가 자기 날개의 지방으로 직접 문질러 주는 거예요. 새끼 거위를 물에 잘 뜨게 하는 것도 쉬운 일은 아니죠.

그렇다면 새끼 거위를 돌볼 때 제일 중요한 건 무엇일까요?

학생들이 앞다투어 대답했다.

__밥 먹는 거요. 어미 거위가 없으면 새끼 거위는 어떻게 밥을 먹나요?

__날아가는 거요. 사람이 키우면 거위는 하늘을 나는 법을 배우지 못할 거예요.

__대화하는 거요. 사람들은 어미처럼 새끼 거위와 다정하게 얘기할 수 없잖아요.

로렌츠가 빙그레 웃으며 말했다.

맞아요. 야생 거위 어미가 직접 키우면 문제가 없겠죠. 하지만 나는 야생 거위가 아니기 때문에 어미의 그 모든 역할을 대신하려고 열심히 노력하고 있어요.

새끼 거위의 본능과 학습

로렌츠가 풀이 있는 곳으로 이동하더니 여러 가지 풀 위에 손을 댔다 뗐다하였다. 이 모습을 보고 학생들이 물었다.

__지금 뭐 하시는 건가요?

갓 태어난 거위는 하루, 이틀은 아무것도 먹지 않고도 버틸 수 있어요. 하지만 태어날 때 가지고 있던 영양분이 사라지기 전에 무언가를 먹어야 하죠. 다행히 거위들은 먹이를 물어다 주지 않아도 본능적으로 직접 풀을 쪼아 먹을 수 있어요. 문제는 무엇을 먹어야 하는지 구별하지 못하고, 작은 실밥이나 풀을 무조건 쪼아 댄다는 겁니다.

나는 지금 새끼 거위에게 어떤 풀을 먹어야 하는지 알려 주기 위해 손으로 먹이를 쪼는 것처럼 보이려고 하는 거예요.

__아직 어린 새끼인데 풀을 먹으면 소화할 수 있나요?

아직 어리지만 그래도 풀을 소화할 수 있는 소화액은 가지고 있어요. 문제는 풀들이 너무 거칠어서 잘게 부서지지 않는다는 겁니다. 또, 거위는 위 속에 근육이 없기 때문에 사람처럼 위로 음식물을 잘게 부수지도 못하죠. 새끼 거위가 음식물을 잘게 부수기 위해서는 무엇이 필요할까요?

학생들은 아무도 대답하지 못했다.

물속에 있는 거위들을 보세요. 평화롭게 목욕하듯 털을 문지르거나 물속에 고개를 넣고 들락거리지 않나요? 거위들은 먹이를 잡기 위해 물속에 머리를 넣기도 하지만, 지금은 물속에서 작은 돌을 건져 먹고 있는 겁니다. 그 돌들이 위에서 거친 풀들을 부드럽게 만들어 줍니다. 나의 새끼 거위들도 풀을 소화시키려면 주변에 널린 작은 돌을 먹어야 할 것 같은데, 내가 어미 거위처럼 물속에 머리를 박을 수 없으니 참 난감합니다. 저기 좀 보세요. 나의 새끼 거위들은 주변의 웅덩이에서 돌을 건져 먹네요.

__야생 거위 새끼를 사람이 키운다는 건 정말 어렵네요.

자연 호수

길 주변 웅덩이

한 학생이 속삭이자 로렌츠가 웃으며 대답했다.

새끼 거위가 먹이를 잘 먹는 것도 중요하지만 가장 어려운 건 정서적인 부분입니다. 어미 거위처럼 대답해 주고, 감싸 주고, 문질러 주고, 항상 대답해 줘야 하죠. 새끼 거위가 어미를 찾는 소리를 낼 때마다 바로바로 대답해 주지 않으면 종종 새끼 거위는 신경증 증상을 보이거나 행동 장애가 일어나기도 합니다.

날씨가 더우면 어미 거위는 날개를 펴서 새끼 거위에게 그늘을 만들어 주기도 하고, 함께 낮잠을 자기도 합니다. 그래서 나는 비가 오는 날이면 밖에서 비옷을 입고 새끼 거위 옆에서 자는 날도 많습니다. 새끼 거위가 어느 정도 독립심을 키울 때까지는 어렵더라도 항상 함께해야 하죠. 새끼 거위에게 어미로 각인된다는 건 그런 어려움을 함께해야 하는 거랍니다.

__새끼 거위와 함께하거나 먹이를 손으로 가리켜 줄 수는 있지만, 하늘을 나는 방법이나 호수를 헤엄치는 방법은 어떻게 가르치나요?

하늘을 나는 방법이나 헤엄치는 방법은 가르칠 필요가 없어요. 야생 거위들은 태어날 때부터 날 줄 알고 헤엄칠 줄 아

니까요. 그렇게 태어날 때부터 알고 있는 것들을 본능이라고 하죠. 따라서 새끼 거위가 호수에 떠다닐 때, 나는 옆에서 보트를 타고 함께 있는답니다.

한 학생이 감탄하며 말했다.

__와! 야생 거위들은 필요한 모든 것을 본능으로 알고 있네요. 우리처럼 하나하나 배우지 않아도 돼서 너무 좋겠어요.

그렇지 않아요. 야생 거위 새끼들도 어미에게서 여러 가지를 배워야 합니다. 그런 과정을 우리는 학습이라고 하죠. 먹이를 쪼는 것은 본능이지만 어떤 먹이를 먹어야 하는지는 배워야 하는 것처럼, 야생 거위는 하늘을 나는 방법은 본능으로 알지만 하늘을 날 때 방향이나 속력을 파악하고 조절하는 방법은 어미에게서 배워야 해요.

내가 키운 야생 거위 새끼가 하늘을 날다 벽에 부딪혀서 죽은 적도 있습니다. 벽에는 속도를 줄이느라고 내뻗은 발자국이 선명했죠. 부딪힌 충격으로 간이 파열돼서 죽었어요. 내가 새끼 거위와 함께 하늘을 날 수 없으니 어쩔 수 없었죠.

그래서 나는 가능하면 다른 야생 거위 무리와 함께 무리를 짓도록 해요. 나한테서 직접 배우지 못하는 것을 옆에 있는 어른 거위를 보고 배울 수 있게 하기 위해서죠. 즉, 사람에게 각인된 거위라도 자신과 같은 종류인 거위와 함께 있어야 건강한 야생 거위로 자랄 수 있습니다.

다음 수업 시간에는 야생 거위들이 하늘을 날기 위해 어떤 노력을 하는지, 그리고 어떤 조건이 필요한지에 대해 알아봅시다.

만화로 본문 읽기

선생님, 왜 막 태어난 새끼들은 촉촉하게 젖어 있죠?
새끼 거위의 솜털에 작은 껍질이 들러붙어 있어서 그렇게 보이는 것뿐이랍니다. 그 작은 껍질들은 공기에 닿아서 마르면 고운 가루처럼 떨어져서 털이 보송보송해진답니다. 털이 보송보송해야 물속에서도 가라앉지 않고 다닐 수 있어요.
앗, 그럼 거위의 털은 원래 보송보송한 게 아닌가요?
원래 그런 건 아니에요. 새끼 거위를 물에 그냥 두면 결국엔 젖어서 물속을 다니지 못하게 될 수도 있어요. 그래서 거위는 깃털에 기름을 바르고, 닦아서 다시 보송보송하게 만들죠.

네? 기름을 바르고 닦는다고요? 전 거위가 그러는 거 본 적이 없는데요.
어른 야생 거위의 엉덩이 쪽에는 지방이 나오는 지방선이 있어요. 어미 거위는 여기서 나오는 지방을 깃털에 묻혀 새끼를 닦아 주지요. 이때 깃털과 깃털 사이에 정전기가 생기면서 더 보송보송해지는 거랍니다.
그러면 새끼 거위는 어떻게 먹이를 먹나요?
갓 태어난 거위는 하루, 이틀은 아무것도 먹지 않고도 버틸 수 있지만 태어날 때 가지고 있던 영양분이 사라지기 전에 무언가를 먹어야 하죠. 그런데 거위들은 먹이를 물어다 주지 않아도 직접 풀을 쪼아 먹을 수 있어요.

아직 어린 새끼인데 풀을 먹으면 소화시킬 수 있을까요?
아직 어린 새끼지만 풀을 소화할 수 있는 소화액을 가지고 있어요. 그러나 거위는 위속에 근육이 없기 때문에 사람처럼 풀을 잘게 부수지는 못한답니다.
그럼 어떻게 거친 풀을 소화시키죠?
거위들은 먹이를 잡기 위해 물속에 머리를 넣기도 하지만, 물속에서 작은 돌을 건져 먹기도 합니다. 그 돌들이 위속의 거친 풀들을 부드럽게 만들어 주는 것이지요.

세 번째 수업 3

새끼 거위의 비행 연습

새끼 거위는 태어날 때부터 나는 방법을 알고 있습니다.
하지만 공간적인 거리 구별과 높이는 알지 못합니다.
새끼 거위들은 안전한 비행을 위해 어미 거위에게 어떤 것을 배우는지 알아봅시다.

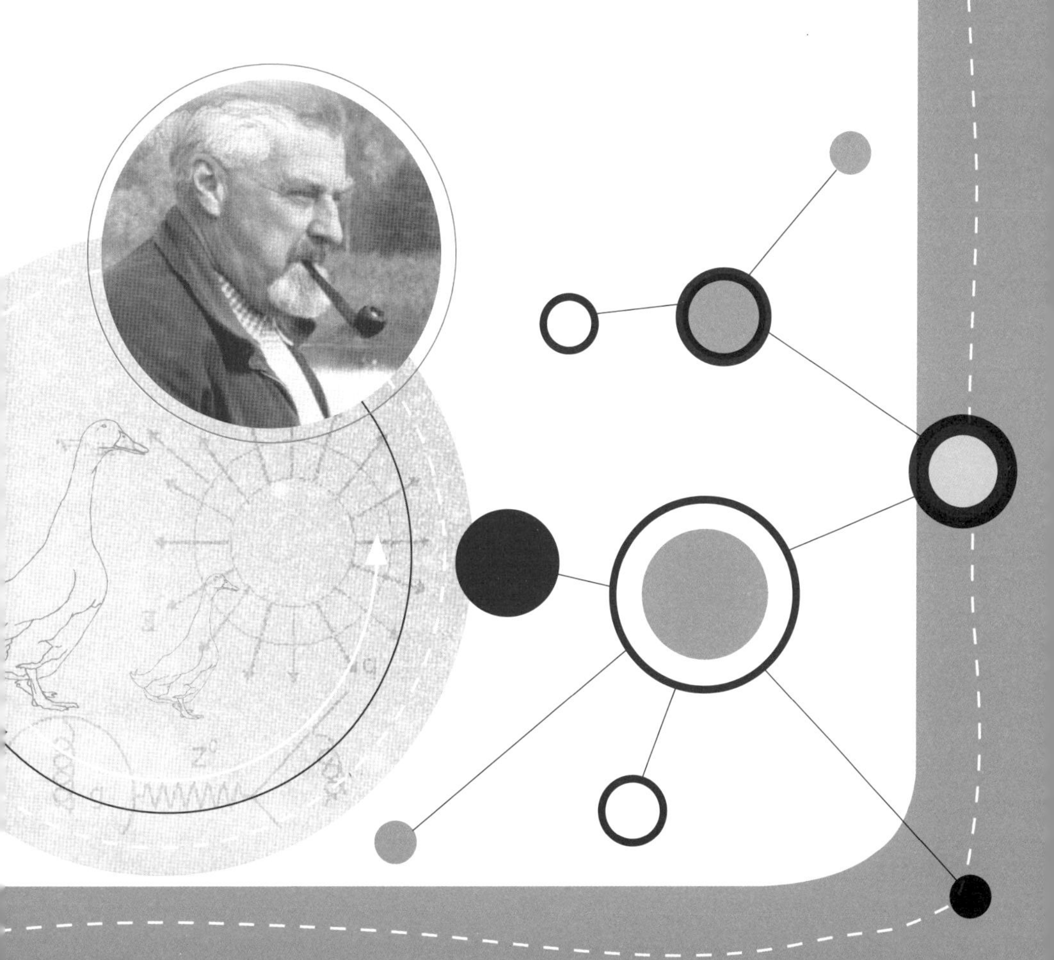

3

세 번째 수업

새끼 거위의 비행 연습

교.	초등 과학 3-1	3. 동물의 한살이
과.	초등 과학 3-2	2. 동물의 세계
	초등 과학 5-2	1. 환경과 생물
연.	초등 과학 6-1	5. 주변의 생물
계.	중등 과학 1	4. 생물 구성의 다양성

로렌츠가 새끼 거위의 날갯짓에 대한 이야기로 세 번째 수업을 시작했다.

새끼 거위의 날갯짓

지난 시간에 우리는 사람이 어미 대신 야생 거위를 돌보는 게 얼마나 어려운 일인지 알 수 있었어요. 하지만 그중에서도 가장 어려운 일은 새끼 거위에게 하늘을 나는 방법을 가르

치는 겁니다.

한 학생이 고개를 갸웃거리며 질문했다.

__저기 저 거위들은 깃털 끝에 무언가 달려 있는데요?

그 거위는 이제 1달 반 정도 된 어린 거위예요. 2달 정도가 되면 새끼 거위는 거의 어른 거위처럼 보이죠. 하지만 깃털 끝에 보들보들한 솜털이 아직 달려 있네요. 깃털만으로 본다면 그 거위는 이제 서서히 하늘을 날기 위해 시도할 때입니다.

__다른 거위들도 깃털이 좀 이상해 보이는데요?

그것은 어미 거위들이에요. 새끼 거위가 태어난 지 1달쯤

되면 부모 거위의 몸에서는 서서히 날개의 깃털이 빠지기 시작해요. 날갯짓 한 번에 뭉텅이로 빠지기도 하죠.

지금 그 거위는 새로운 깃털이 자라고 있는 것 같은데, 아직 깃털이 완전히 자라지는 않았네요. 2주 정도만 있으면 어미 거위의 날개 깃털도, 새끼 거위의 깃털도 완벽해질 것 같네요. 부모 거위와 새끼 거위가 비슷한 시기에 함께 날 수 있게 된다는 건 참 신비로운 자연 현상입니다.

그때 하늘을 보던 한 학생이 소리를 질렀다.

__저기 새끼 거위가 하늘을 날려나 봐요!

로렌츠가 웃으며 대답했다.

새끼 앞의 큰 야생 거위가 이상한 소리를 내고 있죠? 어미 거위는 아직 새끼 거위가 하늘을 혼자 날도록 허락하지 않네요. 준비가 되지 않은 새끼 거위가 하늘을 날려고 하면 어미 거위는 저렇게 경고음을 내면서 새끼 거위를 막습니다. 저 새끼 거위는 다른 거위보다 약간 빨리 부화된 것 같군요. 깃털이 어느 정도 완성됐네요.

— 거위는 태어날 때 본능적으로 하늘을 날 수 있는데, 왜 어미 거위가 날지 못하게 하죠?

물론 새끼 거위는 가르치지 않아도 태어날 때부터 나는 방법을 알고 있어요. 아직 솜털이 보송보송한, 태어난 지 얼마 안 된 거위가 날갯짓을 하며 날아오르는 동작을 연습하는 것만 봐도 알 수 있죠. 날아오르는 것과 하늘에서 앞으로 나아가는 것, 속력을 늦추고 땅에 착륙하는 동작은 모두 타고나는 겁니다.

하지만 날 줄 안다고 해서 모두 안전하게 하늘에서 내려오는 것은 아닙니다. 새끼 거위들은 하늘에서 땅으로 내려올 때 얼마만큼의 거리를 남겨 놓고 속도를 줄여야 하는지 공간적인 거리를 구별하지 못하고, 어느 정도 높이에서 자신이 날고 있는지도 깨닫지 못해요. 자칫 바람의 방향이라도 바뀌면 나무나 벽에 부딪치기도 하죠.

— 깃털이 있어도 날지 못하면 거위들도 답답할 것 같아요.

날개의 깃털이 빠져 날지 못할 때에도 어미 거위들은 새끼들이 날 수 있도록 연습을 시켜요. 어미 거위는 끊임없이 새끼들을 데리고 주변을 돌아다니면서 새끼 거위에게 방향 감각을 길러 줍니다. 하늘에서 방향을 알려면 땅에서도 사는 곳의 지리와 방향을 잘 알아야 해요.

새끼 거위에게는 사실 하늘을 날아오르는 것보다는 땅에 착륙하는 것이 훨씬 어려운 일이기 때문에, 부모 거위들은 착륙할 적당한 공터를 찾아서 방향을 익히며 새끼들을 데리고 짧은 여행을 계속하죠. 그러는 동안 새끼 거위들은 날갯짓을 하며 땅에서 하늘로 날아오르는 연습도 하고, 종종 땅 위를 낮게 날아다니며 이동하기도 해요.

__새끼 거위는 어미에게서 어떤 것들을 배워야 안전하게 날 수 있나요?

하늘은 그렇게 안전한 곳은 아닙니다. 갑자기 돌풍이 불면 하늘을 날던 야생 거위들은 바람에 휩쓸릴 수 있어요. 더군다나 바람의 방향에 따라 날개의 방향을 어떻게 바꿔야 원하는 곳으로 갈 수 있는지 새끼 거위들은 잘 알지 못하죠. 또, 자신들이 날고 있는 곳의 위치를 몰라 하늘에서 길을 잃어버리기도 하죠. 많지는 않지만 종종 길을 잃어서 돌아오지 못하는 거위들도 있습니다.

하늘에서의 방향 감각과 고도를 구별하는 능력, 바람의 상황을 파악해서 새로운 바람에 대처하는 능력은 새끼 거위들이 어미에게서 열심히 배워야 하는 것입니다. 하늘을 날고 있을 때보다 더 위험한 건 착륙하는 순간인데, 아직 거리 감각이 부족한 새끼 거위들은 착륙하다가 부상을 입기 쉬워요.

로렌츠의 이야기를 듣던 한 학생이 중얼거렸다.

__새끼 거위들도 우리처럼 배워야 할 게 많네요.

거위의 비행

새끼 거위들이 하나, 둘 날기 시작할 때까지도 어미 거위의 날개는 아직 완전하지 않아요. 깃털이 빠졌기 때문이지요. 그래서 어미 거위도 갑자기 방향을 바꾸거나 회전하면서 날지는 못하죠. 어미 거위와 새끼 거위 모두 조심해서 날아야 할 때랍니다.

하늘로 함께 날아오른 부모 거위들은 먼저 알맞은 착륙 장소를 정한 다음, 새끼들이 안전하게 내려앉을 수 있도록 시

범을 보여 줍니다. 그러면 새끼 거위들도 어미의 착륙 모습을 따라 땅 위로 내려앉아요. 어미를 따라 첫 번째 비행을 마치고 땅 위로 내려앉는 새끼 거위를 볼 때면 벅찬 감동이 밀려든답니다.

__보모에 의해 키워진 새끼 거위는 어떻게 배우나요?

야생 거위는 여러 무리가 모여서 생활하는 군집 본능을 가지고 있어요. 주로 낯선 곳을 여행하거나 주변에 위험한 적이 나타나면 군집 본능은 더욱 강해집니다.

따라서 보모에 의해 키워진 새끼 거위가 다른 거위 무리와 어울리면서 저절로 배우길 바랄 뿐이죠.

한 학생이 손을 들고 질문했다.

__그럼 다른 거위가 하나도 없는 곳에서 사람에 의해 키워진 거위는 제대로 날지 못하나요?

날 수는 있지만 어미와 함께 있는 다른 야생 거위처럼 잘 배울 수는 없어요. 혼자서 실수해 가면서 배워야 하죠. 여러분도 아는 것처럼 사람은 하늘을 날 수 없으니 어미 거위처럼 착륙하는 시범을 보여 주거나 바람을 느끼며 방향을 조절하는 방법을 가르쳐 줄 수 없어요. 영화 속에서처럼 글라이더를 타며 함께 날지 않는 이상 말입니다.

학습과 같은 사회적인 행동은 부모로부터 유전되는 것이 아니라 각각의 경험에 따라 결정됩니다. 새끼일 때부터 혼자서만 자라고 같은 종류의 새를 본 적이 없는 경우에는 자신이 어느 종류에 속하는지 알지도 못하죠. 이 경우에는 보통 자신이 어린 시기에 각인한 대상을 자신과 같은 종족으로 생각해요.

예전에 내가 기르던 어떤 새는 내 입속에 벌레를 잡아서 넣어 주거나 입을 다물고 있으면 귓속에 벌레를 넣어 놓고는 했답니다. 다행히 그 새끼 거위는 주변의 다른 거위에게서 나는 방법을 잘 배우고 있었어요.

새끼들이 어느 정도 비행에 성공하면 어미들은 새끼들과 함께 꽤 멀리까지 비행을 함께 합니다. 그렇게 비행을 하다

보면 새끼들은 서서히 이주 본능에 사로잡혀 더 멀리까지 날아가려 하죠. 야생 거위는 원래 계절을 따라 움직이는 철새이기 때문에 비행 연습이 어느 정도 이루어지면 서서히 남쪽으로 이동할 준비를 합니다.

대부분의 야생 거위는 예전에 이동했던 서식지로 다시 돌아갑니다. 야생 거위는 이러한 이동 서식지도 어미 거위에게서 배웁니다. 내가 키운 새끼 거위는 다른 야생 거위들이 남쪽으로 날아간 다음에도 우리가 있는 이 호수에서 함께 계절을 보낼 겁니다. 물론 어디론가 날아가고 싶은 본능에 꽤 멀리까지 날아다니겠죠.

__야생 거위들이 이동 서식지를 부모에게서 배운다면 이곳의 야생 거위는 처음부터 여기에 있었겠네요?

이곳에도 야생 거위가 없지는 않았지만 지금처럼 야생 거위가 많지는 않았어요. 야생 거위를 연구하기 위해서 우리의 연구소가 있는 이 호수로 야생 거위들을 데려온 것이지요. 만약 야생 거위의 서식지를 옮기고 싶다면 날지 못하는 새끼일 때 옮겨야 합니다. 그렇지 않으면 날아서 원래의 서식지로 다시 돌아와 버릴 테니까요.

한 학생이 땅 위에 내려앉은 거위를 보며 말했다.

__거위의 깃털이 참 아름다워요.

거위에게 깃털은 살아가는 데 중요한 수단입니다. 그래서 시간이 날 때마다 씻고 다듬습니다. 특히 거위가 날개를 펼칠 때 보이는 초승달 모양의 첫 번째 날갯짓은 아주 중요해요. 비행기의 보조 날개처럼 거위가 속도를 줄이거나 밑으로 내려올 때에 아주 큰 역할을 하죠. 야생 거위는 깃털뿐만 아니라 모든 것이 참 아름다운 동물입니다. 그래서 야생 거위를 연구하면 할수록 그 매력에 빠져들지요.

다음 시간에는 내가 왜 야생 거위를 연구했는지에 대해 이야기해 주겠습니다.

만화로 본문 읽기

저것 보세요. 새끼 거위가 날려고 하는데 어미 거위가 날지 못하게 하는 것 같아요. 왜 그런 거죠?
거위는 가르치지 않아도 태어날 때부터 나는 방법을 알고 있어요. 하지만 새끼 거위들은 하늘에서 땅으로 내려올 때 얼마만큼의 거리를 남겨 놓고 속도를 줄여야 하는지, 어느 정도 높이에서 자신이 날고 있는지 깨닫지 못해요. 때문에 간혹 나무나 벽에 부딪히기도 하죠.
싫어~ 싫어~, 날거야~~!
안 돼!
에고~.

따라서 어미 거위는 끊임없이 주변을 돌아다니면서 새끼 거위에게 방향 감각을 길러 줍니다. 하늘을 날아오르는 것보다 땅에 착륙하는 것이 훨씬 어려운 일이기 때문에, 어미 거위는 착륙 장소로 적당한 곳을 찾는 방법을 가르치는 것이지요.

새끼 거위가 안전하게 날기 위해 어미 거위에게 배워야 하는 것에는 어떤 것이 있나요?
착륙을 위한 것 이외에도 바람의 방향에 따라 날개의 방향을 어떻게 바꿔야 원하는 곳으로 갈 수 있는지를 배워야 하죠.

또한 하늘에서의 방향 감각과 고도를 구별하는 능력, 바람의 상황을 파악해서 새로운 바람에 대처하는 능력을 열심히 배워야 하죠.

배워야 할 게 정말 많네요.
그럼요. 하늘에 날아오른 어미 거위는 알맞은 착륙 장소를 정한 다음 새끼들에게 시범을 보여 줍니다. 그러면 새끼 거위들도 어미의 착륙 모습을 따라 땅 위로 내려앉게 되지요.

어미를 따라 첫 번째 비행을 마치고 하나, 둘 땅 위로 내려앉는 새끼 거위를 볼 때면 정말 벅찬 감동이 인답니다.
선생님, 저도 그럴 것 같아요.

네 번째 수업 4

왜 야생 거위를 연구했을까?

동물들이 사람처럼 사회생활을 하며 함께 문제를 해결하는 과정을
옆에서 지켜보는 것은 참으로 흥미로운 일입니다.

4

네 번째 수업

왜 야생 거위를 연구했을까?

교. 과. 연. 계.		
	초등 과학 3-1	3. 동물의 한살이
	초등 과학 3-2	2. 동물의 세계
	초등 과학 5-2	1. 환경과 생물
	초등 과학 6-1	5. 주변의 생물
	중등 과학 1	4. 생물 구성의 다양성

로렌츠가 하늘을 나는 거위 무리를 가리키며 네 번째 수업을 시작했다.

야생 거위를 선택한 이유

저기 하늘을 보세요. 한 무리의 야생 거위가 행렬을 이루며 어딘가로 날아가고 있네요.

어릴 적, 저 장면을 처음 봤을 때가 생각나는군요. 야생 거위들이 태어났을 때 엄마를 각인하는 것처럼 하늘을 날던 거위 떼의 모습이 강렬하게 남아서 그 느낌을 평생 간직하고 있어요.

그때 나는 새들이 어디로 날아가고 있는지 몰랐지만 무조

건 그들을 따라 함께 가고 싶었어요. 드넓은 하늘을 훨훨 날아 새들과 함께 어딘가로 가고 싶었죠. 어린 시절에 나는 도화지에 거위가 날아가는 모습을 그려 댔어요. 또, 야생 거위와 함께하는 《닐스의 모험》이라는 책은 거위에 대한 애정을 더욱 부풀렸습니다.

과학자들은 대부분 자신이 연구하는 대상과 사랑에 빠져 있어요. 누군가를 사랑하면 예뻐진다고 하죠? 과학자들은 그런 점에서 참 행복한 사람들입니다. 자신이 사랑하는 대상과 항상 함께 있을 수 있으니까요.

한 학생이 번쩍 손을 들었다.

__선생님께서 생각하시는 야생 거위의 매력은 무엇인가

요?

글쎄요, 여러분도 야생 거위를 오랫동안 관찰한다면 나처럼 야생 거위를 사랑하게 될 겁니다. 야생 거위는 사람처럼 사회 생활을 하는 동물입니다. 사람과 공통점이 많아요. 사회 생활이란 2마리 이상의 동물이 어떠한 목적을 이루기 위해 서로 협동하는 것을 뜻해요.

예를 들면, 야생 거위 수컷이 암컷에게 구애를 할 때에는 보통 때보다 더 자신을 과시하고 다닙니다. 평소에 두려워하던 다른 수컷 거위를 겁도 없이 공격하고 소리를 질러 몰아내기도 하죠. 또한 구애의 대상이 가까이에 있으면 천천히 걸어가도 되는 거리를 일부러 날아다닙니다. 그 모습이 마치 여학생의 눈길을 끌고 싶어서 시끄러운 오토바이를 몰고 다니면서 주변을 얼쩡거리는 남학생 같기도 하죠.

거위는 사람처럼 가족 관계를 갖고 생활하며, 가족 간의 사랑도 유별납니다. 한 거위 부부가 품던 알을 잃어버리면, 이전에 독립했던 다른 새끼 거위들이 부모 옆에 돌아와서 한동안 같이 머물러요. 마치 형제가 죽었을 때 자식들이 부모를 위로하는 것처럼 말입니다.

배우자를 잃어버린 거위들도 부모 곁으로 돌아옵니다. 배우자를 잃어버린 슬픔을 위로받으려는 행동이지요. 이때 자식이 돌아오면 부모 거위들은 공격하거나 배척하지 않고 따뜻하게 보살펴 줍니다. 사람 못지않게 따뜻하고 정감 있는 가족이죠. 또, 한 번 결혼하면 상대방이 사라지는 일이 없는 한 대부분 죽을 때까지 함께합니다. 자신의 배우자가 죽었을 때 상심하는 거위의 모습은 사람들이 보이는 그 어떤 슬픈 모습보다 안타깝습니다.

암컷 거위를 여우에게 잃은 한 수컷 거위는 슬픔에 빠져 자신을 방어하는 능력을 완전히 상실해 버렸어요. 원래는 거위 사이에서 상당히 높은 위치에 있었는데, 배우자를 잃은 슬픔에 빠지자 서열상 아래에 있던 거위들에게까지 공격을 받기 시작했지요. 심지어 무리에서 가장 약하고 낮은 서열의 거위도 해코지를 했어요. 결국 슬픔에 빠진 야생 거위는 그 무리에서 최하위 서열이 되고 말았지요.

__동물들도 감정이 있나요?

강아지나 고양이를 비롯해서 그 어떤 동물이든 가까이 두고 관찰해 본 사람이라면 동물들도 때로 슬퍼하고 분노하며 종종 사랑에 빠져 잠조차 자지 않을 때가 있다는 것을 알 겁니다. 그 감정이 사람과 완전히 똑같은지는 알 수 없지만 그들에게 감정이 있는 것은 확실하죠.

인간과 동물들의 뇌 구조와 기능을 살펴보면, 보통 이성적인 기능은 뇌의 앞부분에서 일어나고, 감정적인 기능은 뇌의 아래쪽에서 담당한다고 합니다. 사람과 야생 거위의 뇌를 해부해서 살펴보면, 뇌의 앞부분은 완전히 다르지만 뇌의 아래쪽은 비슷한 점이 있습니다.

감정으로 인해 나타나는 증상들도 비슷합니다. 슬픔을 당하면 교감 신경이 저하되고 부교감신경이 강화되면서 전체적으로 중추 신경이 무뎌집니다. 슬픔을 당한 사람들이 식욕을 잃어버리거나 외부 자극에 무관심해지는 것처럼 슬픔에 빠진 거위도 중추 신경이 무뎌져서 쉽게 부딪히거나 다른 동물의 먹이가 되지요.

과학자의 비밀노트

사회 생활을 하는 동물

가족 생활과 사회 생활을 하는 가장 대표적인 동물은 바로 사람이다. 따라서 사람과 비슷한 동물이 사회 생활을 하는 경우가 많다. 예를 들면, 침팬지나 오랑우탄 같은 유인원들은 무리를 지어 다니며 서로 보호하고 협동하며 살아간다.

그러나 사람과 전혀 다르게 생긴 개미들도 사회 생활을 한다. 개미들의 세계는 철저히 분업화된 사회로서 서로 돕지 않으면 살아갈 수 없다. 하지만 대부분의 동물들은 서로 협동하고 돕는 사회 생활보다는 혼자 돌아다니며 자신의 삶을 유지하는 경우가 많다.

내가 특히 야생 거위를 관찰하는 이유 중 하나는 각인이 있기 때문입니다. 사람을 어미로 각인한 야생 거위는 그 사람을 친어미로 따르니까요. 물론 각인한 그 사람은 야생 거위의 보모가 되어 주어야 하는 책임감이 있습니다. 나는 여러 야생 거위의 보모 역할을 했지요.

야생 거위가 나를 완전히 자신의 어미로 믿고 따르기 때문에 야생 거위 새끼가 태어날 때부터 가지고 있는 본능이 어떤 것들인지 알 수 있습니다. 내가 가르쳐 주지 않아도 알고 있는 것은 대부분 본능 덕분이지요. 내가 키운 새끼 거위와 야생 거위 어미가 키운 거위 사이에 나타나는 행동의 차이들은 새끼 거위가 어미로부터 학습해야 되는 부분들을 알려 줍니다.

우리가 길들인 야생 거위들은 종종 다른 야생 거위 무리를 데리고 옵니다. 대부분의 거위들은 군집 생활을 하기 때문에 보모가 자리를 비워도 이웃 거위가 새끼 거위를 돌봐 주는 것이죠. 군집 생활이란 여러 가족이 무리 지어 사는 것을 말하지요. 따라서 잘못하면 야생 거위로 살아가는 방법을 배우지 못할 수도 있는 나의 새끼 거위들도 이웃 거위들의 도움으로 완전한 야생 거위로 자라날 수 있지요.

가족 생활을 하는 야생 거위 무리는 가족끼리 똘똘 뭉쳐서

살아갑니다. 다른 거위 가족이나 낯선 동물들에게 맞설 일이 있으면 가족 전체가 적극적으로 참여하지요. 거위 가족들은 이렇게 가족들의 싸움이나 행사에 참여하면서 부모의 지위를 물려받습니다. 부모가 거위 무리에서 높은 지위를 차지하고 있으면 새끼 거위들도 부모와 같은 지위를 갖게 되지요.

가끔 새끼 거위가 어른 거위를 공격하거나 몰아내기도 하는데, 그런 일은 대부분 아빠 거위가 옆에 있을 때 일어납니다. 그런 새끼 거위는 가족이 곁에 없으면 거위 무리로부터 공격을 받기도 하죠. 오랫동안 가족과 무리 지어 사는 거위들의 모습은 동물의 감정을 연구하거나 동물의 사회성을 연구할 때 좋은 대상이 됩니다.

__야생 거위가 살아가는 모습은 사람이 살아가는 모습하

고 거의 똑같네요.

야생 거위와 사람 사이에 공통점이 많은 것은 사실입니다. 하지만 야생 거위의 행동이 사람이 생각하는 것과 다를 경우도 있습니다.

사람들은 종종 동물들의 생각을 자기 마음에 맞추어 해석하려 하죠. 예를 들어, 동물이 눈을 깜빡거리면 사람처럼 윙크를 하며 누군가를 유혹한다고 생각하는 학생이 있습니다. 그러나 동물들의 행동을 과거 자신의 행동이나 친구들의 행동에 비추어 해석하면 안 됩니다. 사람인 우리가 보통 때 이런 이유로 이렇게 행동하니까 야생 거위나 다른 동물들도 우리와 똑같을 거라고 생각하면 동물들이 진짜로 표현하고자 하는 의미를 알아차리지 못하거나 무시하게 되는 겁니다.

여러분이 배가 불러 밥을 안 먹겠다고 배를 두드리는데 부모님은 배가 고프다는 표현으로 생각해서 입속에 억지로 밥을 넣으려고 한다면 어떻게 느끼겠어요? 이렇게 종종 선입견이 들어간 잘못된 관찰과 해석은 동물들의 생명을 위협할 수 있으니 조심해야 합니다.

따라서 선입견을 버리고 있는 그대로의 야생 거위를 관찰해야 합니다. 우리가 알고 있는 상식이나 지식으로 설명되지

않는 야생 거위의 특이한 행동들은 우리로 하여금 새로운 질문을 던지게 하고, 계속해서 관찰하게 만드는 계기가 됩니다. 지속적인 관찰을 통해 얻어 낼 수 있는 행동의 원인이나 특성은 관찰의 커다란 기쁨이지요.

즉, 동물들을 사람처럼 여기지 않고 객관적이고 순수한 눈으로 관찰하면 마치 동물들과 대화할 수 있는 것처럼 느껴집니다. 그러다가 어느 순간 야생 거위가 내게 무언가를 표현하며 말을 거는 것처럼 느껴지는 겁니다. 마치《돌리틀 선생 이야기》의 돌리틀 박사(동물을 너무 사랑한 나머지 동물의 말을 할 수 있게 되었다는 주인공)가 된 것처럼 어느 순간 나도 야생 거위와 대화를 하고 있다고 느껴지지요.

사실 야생 거위를 바로 옆에서 관찰하기까지는 어려움이 많았습니다. 또한 내게 각인된 새끼 거위를 사람에게 길들여진 야생 거위가 아니라, 제대로 된 야생 거위로 키우려면 다른 야생 거위 어미들의 도움이 필요했습니다. 그러려면 다른 야생 거위 무리와 내게 각인된 새끼 거위가 함께 살 수 있는 장소로 야생 거위 무리를 이주시켜야 했죠.

야생 거위들은 한 번 머물 장소를 정하면 쉽게 바꾸지 않습니다. 다행히도 아직 날지 못하는 새끼 거위들은 우리가 마련한 호숫가에 잘 정착했지만, 이 새끼 거위들의 어미는 한 동안 원래의 서식지와 새끼들 사이를 오가며 방황했습니다.

결국에는 우리가 원래의 서식지로 가서 야생 거위 무리를 쫓아내고 새끼 거위들의 어미를 직접 데려와야 했죠. 매일 저녁 원래의 서식지인 호수에서 야생 거위 무리를 쫓아내고 새끼 거위들의 어미를 새로운 서식지로 데려오는 일은 힘든 일이었습니다. 그러나 이런 과정을 통해 우리는 원하는 장소에서 야생 거위들을 관찰할 수 있었습니다.

로렌츠의 이야기를 주의깊게 듣던 한 학생이 질문했다.

__ 야생 거위들은 철새인데 한 곳에서 관찰이 가능한가요?

야생 거위는 철새인 동시에 텃새이기도 합니다. 태어날 때부터 남쪽으로 날아가는 방법을 알고 있는 것이 아니라 태어나서 부모로부터 이주하는 경로를 배우는 거죠. 내가 키운 야생 거위는 가끔씩 이주 본능 때문에 멀리까지 날아가는 경우도 있었지만 남쪽까지 날아가지는 않고 늘 우리가 머무는 호숫가로 되돌아왔습니다.

우리가 머무는 호수는 겨울에도 어느 정도 따뜻하기 때문에 야생 거위가 살기에 적당합니다. 덕분에 가끔 다른 야생 거위들도 남쪽으로 날아가지 않고 겨우내 함께 머물기도 합

니다. 이런 현상으로 보모에 의해 길러진 야생 거위와 실제 야생 거위가 자유롭게 오가는 모습을 관찰할 수 있어서 좋습니다.

나는 종종 새끼 거위와 함께 호숫가 주변을 여행하기도 하고 낮잠을 즐기기도 합니다. 그런 시간 속에서 느낄 수 있는 행복이 내가 야생 거위를 연구하는 이유 중 하나일 겁니다.

__야생 거위를 관찰하면서 어떤 순간이 가장 흥미진진하셨나요?

역시 사랑 이야기입니다. 야생 거위의 사랑도 사람 못지않게 많은 이야기를 담고 있습니다. 다음 시간에는 그들의 사랑 이야기를 해 줄게요.

만화로 본문 읽기

그리고 야생 거위는 사람처럼 사회 생활을 하는 동물입니다. 따라서 사람처럼 가족 관계를 갖고 생활하며, 가족 간의 사랑도 유별납니다. 또, 한 번 결혼하면 상대방이 사라지는 일이 없는 한 대부분 죽을 때까지 함께합니다. 자신의 배우자가 죽었을 때 상심하는 거위의 모습은 사람들이 보이는 그 어떤 슬픈 모습보다 안타깝답니다.

내가 특히 야생 거위에 관심을 두었던 이유 중 하나는 야생 거위에게 각인이 있었기 때문입니다. 나를 어미로 각인한 야생 거위의 보모 역할을 하면서 야생 거위 새끼가 태어날 때부터 가지고 있는 본능이 어떤 것들인지 알 수 있었지요.

가르쳐 주지 않아도 알고 있는 것은 대부분 본능이지요. 따라서 내가 키운 거위와 진짜 어미가 키운 거위 사이에 나타나는 행동의 차이는 새끼 거위가 어미로부터 학습해야 되는 부분들을 알려 주기도 했습니다.

야생 거위들은 군집 생활을 하기 때문에 보모가 자리를 비워도 이웃 야생 거위가 새끼 거위를 돌봐 줍니다. 잘못하면 야생 거위로 살아가는 방법을 배우지 못할 수도 있는 나의 새끼 거위들도 이웃 거위들의 도움으로 완전한 야생 거위로 자라날 수 있었어요.

알수록 재미있고 신기하네요.

다섯 번째 수업 5

거위들의 사랑 이야기

야생 거위에게도 사랑은 한 번에 쉽게 얻어질 수 있는 건 아닙니다.
그래서인지 수컷 거위와 암컷 거위는 한 번 인연을 맺으면 죽을 때까지 함께한답니다.

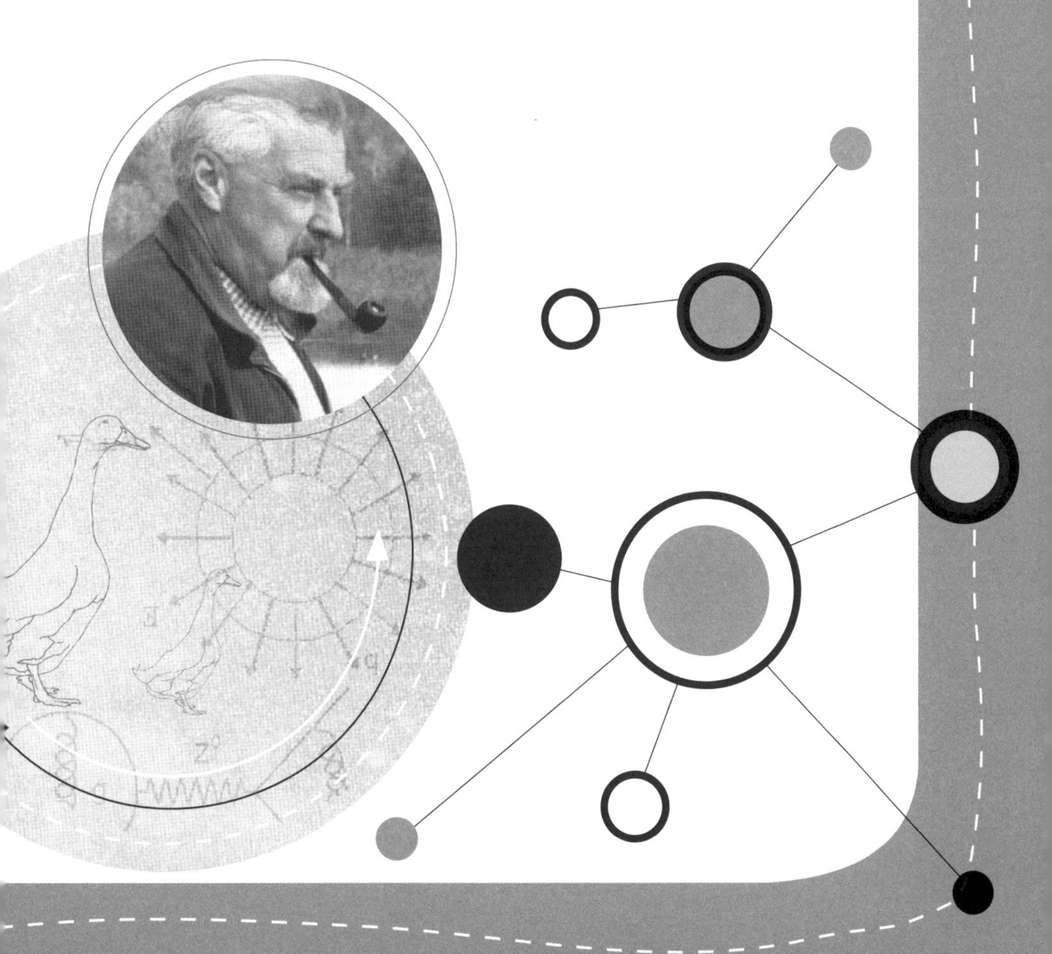

5

다섯 번째 수업

거위들의 사랑 이야기

교.	초등 과학 3-1	3. 동물의 한살이
과.	초등 과학 3-2	2. 동물의 세계
연.	초등 과학 5-2	1. 환경과 생물
계.	초등 과학 6-1	5. 주변의 생물
	중등 과학 1	4. 생물 구성의 다양성

로렌츠가 사랑에 대한 이야기로 다섯 번째 수업을 시작했다.

거위들의 사랑

사람이 가장 아름다울 때는 사랑할 때라고 합니다. 하지만 사람만 사랑을 하는 것은 아니죠. 대부분의 동물들도 사랑을 하고, 그때의 모습이 가장 아름답습니다.

이제 갓 부모에게서 독립한 젊은 수컷 야생 거위들이 마음에 드는 암컷 거위를 찾아 나섰습니다.

수컷 거위는 드디어 마음에 드는 암컷 거위를 발견하고 서서히 접근하고 있습니다. 몸은 무언가를 내세우듯이 전체적

으로 꼿꼿이 들고 목은 밑으로 한껏 구부리고 있네요. 마치 막 20세가 된 청년이 마음에 드는 아가씨 앞에서 자신을 드러내고 싶어하는 것처럼 상대에게 다가가고 있습니다.

짝짓기 계절을 맞이한 수컷 거위는 보통 때보다 훨씬 멋져 보입니다. 사랑에 빠지면 예뻐진다는 건 사람만의 특징은 아닌 것 같네요. 짝짓기 계절을 맞이해서 수컷들의 목이나 몸에 난 깃털의 물결무늬가 아주 뚜렷해졌습니다. 다리는 붉은색이 선명해져서인지 더욱 눈에 띄네요.

수컷 거위가 암컷 거위를 쫓아다니며 사랑을 고백하는 시간은 며칠 동안 계속됩니다. 야생 거위에게도 사랑은 한 번에 쉽게 얻어질 수 있는 것이 아닙니다.

처음에 암컷 거위는 수줍은 듯 대답을 하지 않고 피해 다닙니다. 수컷 거위가 특유의 구애 소리를 내며 여러 날을 인내하면 그때에야 서서히 암컷 거위도 수컷 거위의 목소리에 힘있게 동참합니다. 이렇게 둘이 함께 소리를 맞춘 후, 두 거위는 본격적으로 어울리기 시작합니다. 보통은 이렇게 한 번 맺어지면, 특별한 사건이 없는 한 죽을 때까지 함께하게 됩니다.

이렇게 대부분의 경우, 수컷 거위가 먼저 소리를 내며 암컷 거위가 함께하기를 요청하지요.

과학자의 비밀노트

동물의 구애

동물들은 제 짝을 결정하는 의식이 있으며, 이를 인간에 빗대어 '구애'라고 부른다. 동물의 구애는 복잡한 춤 혹은 접촉, 울음, 아름다움의 과시나 결투가 포함된다. 대부분의 동물의 구애는 사람이 보지 않는 곳에서 이루어지므로 연구가 쉽지 않다. 구애 방식이 잘 연구된 동물로는 대표적으로 바우어새(bower bird)가 있는데, 이들은 주변 재료들을 모아 암컷을 맞을 새집을 만든다. 과학적인 관점에서 봤을 때, 동물들의 구애는 번식의 목적으로 짝을 결정하는 과정이다. 따라서 수컷이 구애를 시작하며 암컷은 짝을 선택해 짝짓기를 하거나 거절하게 된다

사회 생물학적으로 특정 종의 개체가 '좋은 유전자'를 가지고 있는 것으로 보이는 같은 종과 짝짓기를 한다는 이론이 있다. 즉, 구애는 특정 생물체가 스스로를 다음 세대까지 보존하기 위해 다른 생물체의 유전자와 섞이길 기대하는 과정이라 할 수 있다는 것이다.

__그렇다면 암컷 거위와 수컷 거위가 함께 노래하는 모습은 짝짓기가 일어날 때만 볼 수 있나요?

암컷 거위와 수컷 거위가 함께 합창을 한다는 것이 바로 짝짓기를 의미하지는 않습니다. 오히려 두 거위의 마음이 하나라는 것을 서로 확인하는 절차와 비슷합니다.

다른 거위 커플과 심하게 싸우거나 방해하는 행동을 한 후에는 대부분 둘의 합창이 다시 시작됩니다. 그런 경우 우리는 '승리의 함성'이라는 의식으로 표현하기도 하죠. 수컷 거위와 암컷 거위가 함께 소리를 맞추어 노래한다는 것은 약혼이나 결혼 서약 같은 의미가 있습니다. 거위 부부에게는 짝짓기 행위 자체보다 이러한 의식이 훨씬 더 의미가 있는 일이지요.

수컷 거위나 암컷 거위 한쪽이 다른 거위에게 관심이 있는 경우에 종종 다른 배우자와 짝짓기를 하는 경우도 있지만,

이 경우에는 승리의 함성 같은 의식을 치르지 않습니다. 단순한 짝짓기일 뿐이지요. 다른 동물이 공격해 올 때 야생 거위들은 짝짓기를 한 대상을 보호하는 것이 아니라 자신과 승리의 함성 의식을 함께한 배우자를 보호합니다.

__그렇다면 짝짓기 행위와 승리의 함성 의식은 전혀 다른가요?

짝짓기 행위를 한 후에는 대부분 승리의 함성과 비슷한 의식을 치릅니다. 서로 신뢰하고 있는 거위 부부에게서 짝짓기 행위는 대부분 승리의 함성 의식과 함께 이루어집니다. 짝짓기 행위는 원래의 배우자가 아닌 경우에도 종종 이루어지지만 승리의 함성 의식은 자신의 공식적인 배우자가 아니면 일어나지 않습니다.

또, 승리의 함성 의식은 짝짓기가 일어나지 않는 시기에도 거위 부부의 결속력과 단결력을 보여 주기 위해 자주 일어난다는 점에서 많이 다르다고 할 수 있습니다. 더구나 야생 거위의 짝짓기는 늘 물속에서 일어나지만 승리의 함성 의식은 어디에서나 일어날 수 있습니다.

이런 점에서 짝짓기 행위 속에 승리의 함성 의식이 포함될 수 있기도 하지만 엄격히 말하자면 전혀 다른 행동이라고 볼 수 있습니다.

__짝짓기하는 모습을 우리도 볼 수 있나요?

여러분도 볼 수 있습니다. 하지만 그 모습을 보고 싶다면 하늘이나 땅에서 찾아서는 안 됩니다. 야생 거위의 짝짓기는 항상 물 위에서 일어납니다. 우선 호숫가에 나란히 다정하게 떠 있는 야생 거위 2마리를 찾아보세요.

대부분의 야생 거위들은 조용히 떠 있지만, 짝짓기를 하는 야생 거위들은 독특한 짝짓기 행동을 보여 줍니다. 먼저 수컷 거위가 목을 구부리고 날개를 약간 들면서 짝짓기가 시작됩니다. 그러고는 물속에 목을 집어넣기 시작하죠. 목을 물속에 집어넣었다가 드는 모습을 몇 번 반복합니다. 목과 머리에 물이 흘러내리는 모습이 관찰되는 야생 거위 한 쌍이 있으면 주의 깊게 보십시오.

거위들의 짝짓기

아, 마침 저 호숫가에 다정해 보이는 야생 거위 한 쌍이 있네요. 함께 지켜봅시다.

여러분이 관찰한 야생 거위의 짝짓기 모습을 순서대로 정리해 보세요.

①

②

③

④

⑤

⑥

학생들이 서로 손을 들며 대답했다.

__수컷 거위가 물속에 머리를 넣었다 빼면 암컷이 따라서 물속에 머리를 넣습니다.

__암컷 거위가 물위에 납작하게 엎드리면 수컷 거위가 그 위에 올라갑니다.

__수컷 거위가 암컷 거위 위에 올라가서 암컷 거위의 목을 마구 물었습니다.

__암컷 거위 위에 올라탄 수컷 거위가 꽁지를 옆으로 구부려서 암컷 거위의 항문 쪽과 서로 닿게 합니다.

__짧은 시간 동안 닿아 있던 꽁지가 떨어지고서 2마리가 함께 목과 머리를 곧추세우고 소리를 질렀습니다. 꽤 큰 소리였지만 아주 아름다운 소리였습니다.

로렌츠가 흐뭇한 미소를 지으며 말했다.

모두 잘 관찰했어요. 야생 거위의 짝짓기 모습은 마치 호수에서 장난을 치거나 춤을 추는 듯 아름답습니다. 마지막 사랑을 다짐하는 거위 부부의 노랫소리도 듣기 좋지요. 이렇게 짝짓기를 하는 야생 거위들은 대부분 죽을 때까지 평생을 함께합니다.

야생 동물들은 사자처럼 수컷 1마리가 여러 마리의 암컷과 함께 사는 경우가 대부분입니다. 하지만, 야생 거위는 일반적으로 수컷 1마리와 암컷 1마리가 죽을 때까지 평생을 함께 살며 책임을 다합니다.

한 학생이 고개를 갸웃거리며 질문했다.

__거위들은 살다가 헤어지는 경우가 없나요?

그런 일은 거의 없습니다. 간혹 사고로 암컷을 잃은 수컷이 다른 거위 부부 사이에 끼어들어 암컷을 쫓아다니는 경우에는 짝이 바뀌기도 합니다.

또, 거위 무리 속에서 어느 정도 지위를 갖고 있는 수컷 거위의 부인이 죽은 경우에 수컷은 매우 슬퍼합니다. 하지만 어느 정도 시간이 지나서 슬픔이 가라앉으면 주변에서 암컷을 찾게 됩니다. 아직 짝을 정하지 않은 암컷을 찾을 수도 있지만 그런 거위가 없을 경우에는 짝이 있는 암컷 거위의 뒤를 쫓아다니기도 합니다.

이런 경우에 암컷 거위의 원래 배우자는 크게 불안해하면서 암컷 거위를 감시합니다. 암컷 거위가 가는 곳마다 따라다니면서 다른 수컷과 어울리는 것을 방해하고 가끔은 직접 길을 막거나 약하게 무는 흉내를 내기도 합니다. 사람도 마찬가지겠지만, 이런 경우 원래 배우자인 수컷은 점점 수척해지고 마르게 됩니다.

암컷을 막기만 하는 것이 아니라 새로 등장한 수컷 거위에게 공격을 하기도 합니다. 암컷이 일찍 한쪽으로 마음을 정하면 수컷 사이의 싸움은 오래가지 않습니다. 어느 한쪽 수컷이 포기를 하게 되지요.

이렇게 중간에 새로운 수컷이 끼어드는 삼각관계에서 수컷의 피해를 줄이는 가장 좋은 방법은 암컷이 적극적으로 자신의 의지를 표현하는 겁니다. 하지만 암컷이 원래의 배우자와 새로 등장한 구애자 사이에서 마음을 정하지 못하고 우왕좌왕하게 되면 수컷 사이의 싸움은 점점 커집니다. 가끔은 죽을 지경에 이를 때까지 싸움을 멈추지 않지요.

__짝사랑만 하다가 끝나는 경우도 있겠네요?

짝을 잃은 수컷이 주변의 암컷에게 사랑을 고백해 보았자 대부분의 경우 원래의 배우자와 평생을 함께하니까 짝사랑만 하다가 끝나는 경우도 있답니다. 특히 암컷 거위는 수컷보다 더 보수적이어서 한 번 짝이 정해지면 대부분 변하지 않습니다. 그래서 암컷의 짝사랑보다는 수컷의 짝사랑이 더 슬프고 안쓰럽습니다.

__암컷도 짝사랑을 하나요?

보통 사랑을 먼저 고백하는 것은 수컷입니다. 하지만 봄에 짝을 찾지 못한 암컷 거위 중에는 마음에 드는 수컷 주위를 마치 우연인 것처럼 맴돌기도 합니다. 하지만 수컷처럼 적극적으로 따라다니며 사랑을 고백하거나 이미 다른 암컷과 짝

을 이룬 수컷을 따라다니는 경우는 없지요.

야생 거위 사이에는 수컷끼리 짝을 이룬 동성애 커플이 많습니다. 사람의 경우는 매우 드물지만 야생 거위 사회에서는 일반적인 경우입니다.

수컷 거위 2마리가 승리의 합성을 함께하며 사랑의 인사를 나누지요. 이렇게 수컷 거위 2마리가 짝을 이룬 경우에 짝을 이루지 못한 암컷 거위는 주변을 배회하며 기회를 노리게 됩니다. 물론 다른 거위 부부 못지않게 동성애 거위 커플도 사이가 좋습니다. 그래서 평생을 함께 사는 경우가 많지요.

수컷 거위 커플은 짝짓기를 할 수 없습니다. 짝짓기 행동을 시도하지만 실패하게 되죠. 이 경우에 주변을 배회하던 암컷 거위가 재빨리 그들 사이에 들어와 몸을 납작하게 엎드려 줍니다.

하지만 암컷이 원하는 수컷 거위와 짝짓기에 성공하더라도 정식 배우자가 되지는 못합니다. 막 짝짓기를 마친 수컷은 재빨리 자리를 떠서 원래의 수컷 배우자와 함께 승리의 함성 의식을 치르지요. 즉, 어쩔 수 없이 짝짓기를 했을 뿐 원래의 사랑이 움직이지는 않는 것처럼 보입니다. 야생 거위에게 사랑과 짝짓기 행동은 서로 다른 것입니다.

이렇게 2마리의 동성애 수컷 배우자와 1마리의 짝사랑 암컷이 함께하는 경우에도 거위들은 좋은 가족을 이룹니다. 암컷 거위가 봄에 알을 낳으면 2마리의 수컷 거위가 모두 아빠가 되어 줍니다. 따라서 새끼 거위들은 엄마 하나와 아빠 둘을 갖게 되어 더욱 든든하고 힘있는 가족이 되기도 합니다.

대부분의 동성애 커플은 일반 커플보다 헤어지는 비율이 조금 더 높습니다. 종종 2마리의 수컷이 아무 이유 없이 크게 싸우고 있는 경우를 볼 수 있는데, 이 경우에는 영락없이 과거의 배우자로, 서로 사랑했던 수컷들입니다.

거위들의 자식 사랑

남녀 간의 사랑보다 훨씬 더 아름답고 순수한 사랑은 역시 자식에 대한 사랑입니다. 야생 거위의 자식 사랑은 알을 낳

을 자리 찾기부터 시작됩니다. 알을 잘못 낳으면 여우나 까마귀한테 먹히기 쉽습니다. 강가의 마른 땅에 처음 알을 낳았다가 잃어버리는 경우도 많습니다. 그래서 한두 번 실수한 후에는 호수 중간쯤에 있는 땅을 찾아 낳거나 다른 동물들이 찾기 힘든 풀숲 사이에 낳습니다.

알을 낳은 후에는 상하지 않도록 잘 굴려 주고 공기를 불어넣어야 합니다. 혹시 상하기 시작한 알이 없는지 수시로 확인해야 하죠. 만약 알 중에 하나라도 썩기 시작했으면 머지않아 둥지 전체의 알들이 상해 버리니까요. 알을 식혀 주기 위해 잠시 알을 떠날 때에도 어미 거위는 자신의 배에서 뜯어낸 솜털로 조심스럽게 둥지를 덮습니다. 다른 새들의 눈에 잘 띄지 않도록 위장하는 거죠.

주변에 까마귀 등 알을 훔쳐 먹는 새가 보이면 어미 거위는 날아가면서 까마귀를 공격합니다. 보통 때는 함부로 공격하지 않지만, 알이 있는 동안은 까마귀가 매우 위협적인 존재라는 것을 알기 때문입니다.

어미 거위는 새끼들이 알에서 태어나면 알 껍데기 때문에 새끼들이 위험해질세라 재빨리 버립니다. 그리고 어느 정도 시간이 지나 보금자리의 새끼들이 모두 알에서 나오면 바로 새끼들을 모아 산책을 나갑니다.

태어난 지 얼마 안 된 새끼들은 수시로 몸을 녹여야 합니다. 어미 거위는 산책을 다니면서 틈틈이 새끼들을 모아 깃털 아래에 넣어 품어 줍니다. 새끼 거위들은 어미 거위 곁에서 몸을 녹이고 싶을 때마다 '그릉그릉' 하는 슬리핑 사운드를 내면서 따라갑니다. 그때마다 어미 거위는 걸음을 멈추고 새끼들을 날개 밑에 숨깁니다.

어미의 날개는 추울 때만 사용되는 것이 아닙니다. 더울 때에는 좋은 그늘이 되기도 합니다. 어미는 산책하면서 새끼 거위에게 무엇을 먹어야 하는지 가르치고, 물에 가라앉지 않도록 깃털을 끊임없이 문질러 줍니다. 또 주변의 길을 가르치기 위해 먼 길까지 함께 여행을 합니다.

새끼들이 어미만큼 커져 날갯짓을 할 때에도 혹시 사고라

도 날까 봐 날카로운 소리를 지르며 새끼를 막습니다. 그 모습은 마치 우리가 추울까, 더울까, 배고플까, 목마를까, 다칠까, 아플까 안절부절못하시는 부모님 모습 같습니다.

만화로 본문 읽기

선생님, 거위들도 사람처럼 사랑을 하나요?
물론이죠. 저길 보세요. 이제 갓 부모에게서 독립한 수컷 거위가 벌써 마음에 드는 암컷 거위를 찾아 나섰습니다. 수컷 거위가 마음에 드는 암컷 거위를 발견하면 몸은 무언가를 내세우듯이 전체적으로 꼿꼿이 들고 목은 밑으로 한껏 구부린답니다.

짝짓기 계절을 맞이한 수컷 거위는 보통 때보다 훨씬 멋져 보입니다. 특히 수컷들의 목이나 몸에 난 깃털의 물결무늬가 아주 뚜렷해지고, 다리는 붉은색이 선명해진답니다. 수컷 거위가 특유의 구애 소리를 내며 여러 날을 인내하면 그때서야 암컷 거위도 수컷 거위의 목소리에 힘있게 동참합니다.

그렇다면 암컷 거위와 수컷 거위가 함께 노래하는 모습은 짝짓기가 일어날 때만 볼 수 있나요?
암컷 거위와 수컷 거위가 함께 합창을 한다는 것이 바로 짝짓기를 의미하지는 않습니다. 오히려 두 거위의 마음이 하나라는 것을 확인하는 절차와 비슷하죠. 거위 부부에게는 짝짓기 행위 자체보다 이러한 의식이 훨씬 더 의미있는 일이지요.

부모와 자식 간의 사랑은 어떤가요?
야생 거위의 자식 사랑은 알을 낳을 자리를 찾는 것부터 시작됩니다. 호수 중간쯤에 있는 땅이나 다른 동물들이 찾기 힘든 풀숲 사이에 알을 낳습니다. 잠시 알을 떠날 때에도 배에서 뜯어낸 솜털로 조심스럽게 둥지를 덮어 다른 새들의 눈에 잘 띄지 않도록 위장을 하지요.

어미 거위는 새끼들이 알에서 태어나면 알 껍데기 때문에 새끼들이 위험해질세라 재빨리 버립니다. 그리고 새끼들이 모두 알에서 나오면 산책을 하면서 무엇을 먹어야 하는지 가르치고, 물에 가라앉지 않도록 깃털을 끊임없이 문질러 주며 길을 가르치기 위해 먼 곳까지 함께 여행을 하죠.

새끼 거위들이 어미만큼 커져 날갯짓을 할 때에도 혹시 사고라도 날까 봐 어미 거위는 날카로운 소리를 지르며 새끼들을 막습니다. 그 모습은 마치 우리가 추울까, 배고플까, 다칠까 안절부절 못하시는 부모님 모습 같죠.
정말 그렇네요.

여섯 번째 수업

6

야생 거위는 언제 화를 낼까?

야생 거위가 호숫가에 조용히 떠 있는 모습을 보면 매우 평화로워 보입니다.
하지만 야생 거위는 사실 매우 사납고 거친 동물입니다.
야생 거위는 어떻게 싸우는지, 또 언제 싸우는지 알아봅시다.

6

여섯 번째 수업

야생 거위는 언제 화를 낼까?

교과 연계

초등 과학 3-1	3. 동물의 한살이
초등 과학 3-2	2. 동물의 세계
초등 과학 5-2	1. 환경과 생물
초등 과학 6-1	5. 주변의 생물
중등 과학 1	4. 생물 구성의 다양성

로렌츠가 야생 거위의 성질을 이야기하며 여섯 번째 수업을 시작했다.

야생 거위들이 싸우는 이유

야생 거위가 호숫가에 조용히 떠 있는 모습을 보면 매우 평화로워 보입니다. 하지만 사실 야생 거위는 매우 사납고 거친 동물입니다.

한 학생이 웃으며 말했다.

__야생 거위에게 사자처럼 날카로운 이빨이나 발톱이 있

는 것도 아닌데 물린다고 얼마나 아프겠어요?

만약 여러분 중 누군가가 야생 거위에게 공격받아 봤다면 그렇게 웃으며 얘기할 수는 없을 겁니다. 하늘을 날던 야생 거위가 갑자기 독수리처럼 밑으로 내려오며 날갯죽지로 때리면 그 충격은 생각보다 훨씬 큽니다. 야생 거위의 날갯죽지는 사람으로 치면 손목 같은 부위입니다. 날갯죽지의 딱딱하고 돌출된 뼈가 여러분의 머리나 어깨를 공격하면 여러분은 하늘에서 떨어진 우박을 맞은 것처럼 움츠러들 겁니다.

야생 거위는 날카로운 발톱이나 이빨은 없지만 그에 못지않게 뾰족하고 날카로운 부리가 있습니다. 알이 있는 둥지에서 잠시 알을 관찰하려고 하다가 야생 거위 부부가 쫓아오면 결국 도망갈 수밖에 없습니다.

곰이나 사자, 호랑이 같은 맹수들은 보통 직접적으로 서로를 공격하며 싸우지 않습니다. 잘못해서 서로 싸움이 시작되면 양쪽 모두 생명을 잃거나 생존이 어려울 만큼 치명적인 부상을 입을 수 있기 때문이죠. 따라서 맹수들은 크게 으르렁거리며 목소리로 협박을 하다가 그냥 자리를 떠나는 경우가 대부분입니다.

하지만 야생 거위들은 싸움의 승자가 결정되거나 싸움의 원인이 완전하게 사라지지 않으면 목숨을 잃을 때까지 싸우

기도 합니다.

__야생 거위들은 어떤 이유로 싸우나요?

야생 거위들이 싸우게 되는 가장 큰 이유는 야생 거위 사회가 철저한 계급 사회라는 특성과 관련이 깊습니다. 즉, 철저하게 서열이 나뉘어 있죠. 거위는 무리를 지어 생활하고 함께 어려움을 극복해 나가지만, 내부의 서열은 반드시 결정지어져야 하는 특징을 갖고 있습니다.

물론 이러한 내부 서열은 단순히 힘이나 체력에 의한 것뿐만 아니라 야생 거위가 갖고 있는 자신감이나 용기도 중요한 잣대 중의 하나입니다. 부인이나 자식을 잃고 슬픔에 빠져 있는 거위들은 그 힘이 좋아도 서열이 밀리게 마련입니다. 이 경우에 서열의 차이가 크면 서로 싸우지 않습니다.

서로 싸우고 있는 야생 거위는 서열 차이가 비슷합니다. 이 경우 어느 한쪽이 다른 쪽보다 강하면 주변의 다른 거위는 약한 쪽 편을 들어 싸웁니다. 사람들은 이렇게 2:1로 싸우면 비겁하다고 할지 모르지만, 일반 야생 동물의 세계에서 약한 쪽 편을 들어 함께 공격하는 경우는 적지 않게 볼 수 있는 일입니다.

과학자의 비밀노트

야생 거위의 서열

서열은 항상 변할 수 있다. 물론 서열이 변하게 될 때에는 내부 서열 싸움이 시작된다. 어떤 이유에서든 의기소침해진 거위가 있는 경우에는 서로 싸우지 않고 일방적으로 공격을 당하기도 한다. 또한 원래 서열이 높았더라도 부상을 입거나 어떤 이유에서 싸움을 할 수 없는 상황이 되면 즉시 원래의 서열에서 뒤로 밀려나게 된다. 이때 암컷은 전적으로 수컷의 서열을 따라간다. 암컷이 힘이 세고 싸움을 잘하더라도 수컷이 암컷의 서열을 따라가지는 않는다.

야생 거위의 무리는 전통적인 아버지 중심 사회와 비슷합니다. 알이 부화될 때까지 주로 어미 거위가 새끼를 돌보고, 암컷 거위가 먼저 사랑을 고백하지도 않으며, 가족의 일반적인 지위도 수컷에 의해 결정됩니다. 물론 야생 거위 가족 간에 싸움이 생기면 온가족이 힘을 합쳐 싸우기도 합니다. 그러나 기본적으로 암컷이나 새끼 무리 내에서의 서열은 수컷 거위에 의해 결정됩니다.

__서열을 결정하기 위한 싸움은 언제 시작되나요?

태어난 지 며칠 지나지 않아 아직 솜털이 보송보송한 상태일 때부터 형제 간에 서열 싸움이 시작됩니다. 아직 다 자라지도 않은 날개 끝으로 상대방을 내리치고 짧은 부리로 서로를 물어 대죠. 아직 날개도 짧아 제대로 내리치지도 못하고, 서로를 공격한 후에는 중심도 잡지 못해 쓰러지면서도 새끼들은 온 힘을 다해 싸웁니다.

새끼들이 이렇게 치열하게 서열을 위한 싸움을 하고 있는 동안 부모들은 전혀 참견하지 않고 지켜보기만 합니다. 물론 싸움이 너무 격렬해지면 무언가 싸움을 말리는 듯한 소리를 내기도 하지만 새끼들의 싸움에 끼어들 수는 없습니다. 새끼 거위 중 하나가 싸움에 져서 어미 거위 쪽으로 도망쳐 오면 그때서야 날개 밑으로 마지못한 듯이 숨겨 줄 뿐이죠.

서열 싸움은 내부 서열이 있는 대부분의 동물 사회에서 발견됩니다. 또한 서열 싸움은 새끼가 생존을 위해 갖춰야 할 기본적인 공격성을 배우는 하나의 교육이기도 합니다. 호랑이나 사자 새끼들이 서로를 물어뜯으며 노는 행동이 나중에는 생존을 위한 사냥 연습이 되는 것처럼 말입니다.

__서열을 위한 싸움 외에 다른 공격 이유는 없나요?

야생 거위들이 싸우는 모습을 가장 많이 볼 수 있는 시기는 이른 봄입니다. 서로의 짝을 찾아 사랑의 인사를 시작할 때에는 서로의 공격성이 훨씬 커집니다. 보통 때는 서열 차이가 커서 싸우지 않던 야생 거위들도 암컷에게 잘 보이기 위해 일부러 공격하기도 합니다. 같은 암컷을 쫓아다니는 경우에는 서로 선택받기 위해 격렬하게 싸웁니다. 동성애 커플의 경우에는 서로 헤어진 이후에 심하게 싸우기도 합니다.

번식을 위해서 스스로 자신이 강하다는 것을 보여 줘야 하는 것은 사람도 마찬가집니다. 남성 호르몬은 공격성과 밀접한 관계가 있습니다. 남성 호르몬이 많은 사람들은 다른 사람들보다 과격하죠. 사춘기의 학생들이 별다른 이유 없이 서로 싸우거나 격렬한 운동을 하면서 몸을 혹사시키는 것도 남성 호르몬의 영향이 큽니다. 대부분의 동물들이 짝짓기를 할 시기가 되면 약간씩 흥분되어 있고 서로 쉽게 싸움을 시작합니다. 야생 거위도 다른 동물들의 행동과 크게 다르지 않습니다.

__야생 거위들은 주로 자기들끼리 싸우는군요.

특별한 외부의 적이 없으면 대부분 서열 싸움이나 번식기의 싸움입니다. 하지만 외부에 적이 있으면 내부 서열이나

번식기와 상관없이 뭉쳐서 외부의 적을 공격합니다. 외국에서 공격해 오면 그 나라 사람들이 싸움을 멈추고 힘을 모으듯이, 외부에 적이 생기면 서열 싸움이나 번식기의 싸움은 적어집니다. 힘을 모아 외부의 적을 물리쳐서 자신과 아직 약한 새끼들을 지키는 것이 첫 번째 할 일인 것입니다.

야생 거위들이 단체로 무리를 지어 사는 것은 외부의 적으로부터 자신들을 보호할 때 매우 효과적입니다. 독수리나 매와 같은 사나운 날짐승이 공격하려 하면 모든 집의 새끼 거위들을 촘촘히 가운데로 모으고 날개를 쭉 펴서 원형을 만듭니다. 그리고 일제히 소리를 질러서 공격해 오는 적을 놀라게 하죠. 여우를 비롯한 위험한 육식 동물이 공격해 올 때면 서로 조심하기 위한 경계의 목소리를 내기도 합니다. 야생 거위들이 이렇게 단체로 힘을 모으면 새끼들을 훨씬 안전하게 보호할 수 있습니다.

서열 싸움이나 번식기의 싸움처럼 같은 동물들 사이의 싸움에서는 비록 그 싸움이 격렬해서 부상을 입더라도 생명까지 위협하는 경우는 매우 적습니다. 하지만 외부의 적이 나타난 경우에는 생명의 위험을 무릅쓰고 싸우며 상대방이 사라지거나 죽을 때까지 공격을 멈추지 않습니다.

__다른 동물을 잡아먹으려고 할 때에도 공격하는 것 아닌가요?

보통 공격적 행동이라는 것은 자신을 위협하는 대상을 쫓아내거나 대항하기 위한 행동을 얘기합니다. 물론 우리는 무언가를 습격하거나 사냥할 때에도 공격이란 용어를 사용하지만, 정확히 얘기하면 어떤 동물이 다른 동물을 잡아먹으려 할 때 먹히는 쪽은 적에게 방어하기 위해 공격한다고 해도 먹으려는 쪽은 공격이라고 얘기하지 않습니다. 약간은 혼동될 수 있는 용어입니다.

__그렇군요.

동물의 공격적 본능

한 학생이 슬픈 듯이 중얼거렸다.

__우리 모두 싸움 없이 평화롭게 살 수는 없나요? 야생 거위들도 서열 싸움 같은 것 하지 말고 그냥 평화롭게 살면 좋겠어요.

글쎄요. 싸우지 않는 동물이 있나요? 공격적 성향도 각인처럼 일종의 타고난 특성, 즉 본능입니다. 특히, 같은 종류의 생물끼리 서로 공격하는 본능이죠. 사춘기 남학생들에게 조용한 클래식 음악만 틀어 주고 운동을 못하게 하면 더 평화로워질까요? 아마 클래식 음악 사이에서 주먹이 오가게 될 겁니다.

대부분의 동물은 공격에 대한 충동적 본능을 가지고 있습니다. 따라서 공격적 본능 자체를 부정하거나 없애기는 힘듭니다. 생물들은 먹이나 환경 조건이 한정적인 상황에서 살아남기 위해 같은 종끼리 싸우는 방법을 익혔습니다. 다윈(Charles Darwin, 1809~1882)은 이것을 생존 경쟁이라고 이름 붙였습니다. 더 강한 배우자가 누구인지 찾아내거나 생존에 적합한 대상이 누구인지 알아보기 위해서는 싸움이 필요합니다. 그러므로 오히려 공격적 본능을 우리에게 해롭지 않도록 유도하는 게 더 중요하지 않을까요?

야생 거위들은 번식기가 되어 공격 본능이 세지면 목이나 다리가 붉게 변하면서 공격성이 강해졌음을 보여 줍니다. 또는 지나치게 싸움이 커지면 무리의 우두머리가 관여해서 싸움을 말리기도 하죠. 학습이 아닌 본능이라고 하는 것은 그 생물이 생존하는 데 가장 필요한 부분이 유전적으로 결정된 행동 양식을 뜻합니다. 즉, 야생 거위의 공격성은 길게 보면 야생 거위가 살아남는 데 유리한 특성일 겁니다.

__ 그렇다면 공격성이 강하면 더 잘 살아남나요?

공격성이 가장 커지는 순간은 위험에 처했을 때입니다. '지렁이도 밟으면 꿈틀한다'거나 '쥐도 궁지에 몰리면 고양이를 문다'는 한국의 속담은 위험한 순간에 드러나는 공격 본능을 뜻합니다. 즉, 공격 본능은 자신을 보호하고자 하는 방어 본능과 관련됩니다.

공격성이 강한 동물은 위기 상황에서 최선을 다해 자신을 보호하게 됩니다. 외부의 적에 대해 야생 거위 무리가 힘을 모아 대항하면 그 공격성은 야생 거위들끼리의 유대감을 높

여 주기도 하죠. 그러나 공격성이 너무 강해 위급하지 않은 순간에도 같은 무리의 이웃이나 다른 동물들을 자주 공격하게 되면 부상을 입을 가능성이 높습니다.

__공격적 본능을 일부러 억제하면 어떻게 되나요?

본능의 세기가 각 생물에 따라 다를 수는 있지만 본능 자체의 행동을 없앨 수는 없습니다. 생존하기 위해 필요한 행동이었으니 살아남기 위해 반드시 드러나겠죠. 공격적 본능을 교육이나 학습에 의해 지나치게 억제하면 우리가 예상하지 못한 방향에서 공격 본능이 표현될 겁니다.

사춘기의 남학생들이 모여 있는 경우, 싸움을 못하게 명상 교육만 하기보다는 농구나 축구 등 건전한 스포츠 활동을 통해 공격적 본능을 표현할 수 있도록 하는 것이 더 바람직합니다. 공격성은 모든 동물이 피해 갈 수 없는 본능이지만 공격적 본능의 방향은 우리 스스로 조절할 수 있습니다.

인간뿐만 아니라 대부분의 동물들이 어느 정도 스스로 공격성을 조절하고 있습니다. 스스로 공격적 본능이 강하다고 생각한다면 억제하기 위해 괴로워하기보다는 공격성을 주변에서 건전한 방향으로 표현할 방법을 찾아보는 편이 좋겠습니다.

만화로 본문 읽기

야생 거위가 호숫가에 조용히 떠 있는 모습을 보면 매우 평화로워 보이지만 사실 야생 거위는 매우 사납고 거친 동물이랍니다.
에이~, 야생 거위가 날카로운 이빨이나 발톱이 있는 것도 아닌데 얼마나 거칠겠어요?

그럴까요? 하늘을 날던 야생 거위가 갑자기 밑으로 내려오며 날갯죽지로 때리면 그 충격은 생각보다 훨씬 큽니다. 그리고 날카로운 발톱이나 이빨은 없지만 그에 못지않은 부리가 있으며, 싸움의 승자가 결정되거나 싸움의 원인이 완전하게 사라지지 않으면 목숨을 잃을 때까지 싸우기도 한답니다.

야생 거위들도 이유 없이 싸우지는 않습니다. 그건 야생 거위 사회가 철저한 계급 사회라는 특성과 관련이 깊죠. 거위는 무리를 지어 생활하고 함께 어려움을 극복해 나가지만 내부의 서열은 반드시 결정지어져야 하는 특징을 갖고 있습니다.
그래요? 야생 거위들은 자주 싸우나요?
퐁당
!!

서열을 결정하기 위한 싸움은 언제 하나요?
그러게, 왜 형한테 까불어?
태어난 지 며칠 지나지 않아 아직 솜털이 보송보송한 상태일 때부터 형제 간에 서열 싸움이 시작됩니다. 하지만 부모들은 참견하지 않고 지켜보기만 합니다. 단지 싸움에 진 새끼 거위가 어미 거위 쪽으로 도망쳐 오면 그때서야 날개 밑으로 숨겨 줄 뿐이죠.
힝~, 엄마….

그럼 서열을 위한 싸움 외에 다른 공격 이유는 없나요?
야생 거위들이 싸우는 모습은 이른 봄에 가장 많이 볼 수 있습니다. 서로의 짝을 찾아 사랑의 인사를 시작할 때이지요. 이때는 보통 때 싸우지 않던 야생 거위들도 암컷에게 잘 보이기 위해 일부러 공격하기도 합니다.

야생 거위들은 주로 자기들끼리 싸우네요?
대부분 그렇죠. 하지만 외부에 적이 있으면 내부 서열이나 번식기와 상관없이 뭉쳐서 외부의 적을 공격합니다. 힘을 모으면 새끼들을 훨씬 안전하게 보호할 수 있기 때문이죠.
앗! 새끼 거위다. 아유, 귀여워!
네가 더 귀여워!

일곱 번째 수업

7

야생 거위들의 대화 방법

사람은 말을 하거나 몸짓 언어로 의사 표현을 합니다.
야생 거위들은 어떤 방법으로 의사 표현을 할까요?
야생 거위들의 의사 표현 방법을 알아봅시다.

일곱 번째 수업

야생 거위들의 대화 방법

교과연계		
	초등 과학 3-1	3. 동물의 한살이
	초등 과학 3-2	2. 동물의 세계
	초등 과학 5-2	1. 환경과 생물
	초등 과학 6-1	5. 주변의 생물
	중등 과학 1	4. 생물 구성의 다양성

로렌츠가 야생 거위들의 의사소통 방법을 알려 주기 위해 일곱 번째 수업을 시작했다.

수업을 시작하자마자 한 학생이 배를 움켜쥐며 밖으로 나갔다.

지금 막 밖으로 나간 학생은 아무래도 배가 아픈 것 같네요. 화장실로 뛰어가고 있을 겁니다. 저 학생은 아무 말도 하지 않고 나갔지만 우리는 그 이유를 짐작할 수 있습니다. 어떻게 알 수 있나요?

__배를 움켜쥐고 나갔으니까 배탈이 났을 거예요.

__아니면 그냥 화장실이 급했을 수도 있어요.

우리는 저 학생이 보여 준 행동만으로도 상황을 짐작할 수

있습니다. 보통 대화를 나눈다고 할 때, 흔히 '말하는 것'만을 생각하기 쉽지만, 사실 우리의 마음을 표현하는 방법은 매우 다양합니다.

자신의 생각을 표현하는 방법에는 말 외에 어떤 것들이 더 있을까요?

__동작으로 표현할 수 있어요.

그럼 내가 하는 몇 가지 동작을 보고 그 뜻을 맞혀 보세요.

야생 거위들도 행동으로 많은 의사 표시를 합니다. 특히 수컷이 암컷에게 사랑을 구하는 행동을 보이거나 상대방에게

싸움을 거는 행동은 다른 행동들과 아주 다릅니다. 가끔 수컷 야생 거위 1마리가 목을 쭉 앞으로 빼고 몸통을 세운 모습을 보면 자신감에 넘친 장군 같아 보입니다.

하지만 동작만으로 정보를 교환하기는 부족하죠. 야생 거위들은 상당히 시끄러운 동물입니다. 좋을 때나 흥에 넘칠 때에는 암수가 같이 승리의 함성을 내지르기도 하고, 새끼가 위험하거나 외부의 적이 등장하면 날카로운 소리를 내기도 합니다. 새끼들은 어미 날개 밑에서 쉬고 싶을 때 보채듯이 '그릉그릉' 슬리핑 사운드를 내기도 합니다. 야생 거위가 한가롭게 낮잠을 잘 때에도 기분 좋은 슬리핑 사운드가 여기저기서 들리고요.

사람은 혀가 있어서 여러 가지 다양한 소리를 낼 수 있습니다. 그러나 야생 거위는 사람과 달리 혀가 없기 때문에 여러 가지 소리를 만들어 내지는 못합니다. 하지만 적에게 내는 소리와 사랑을 구하는 소리는 구별이 가능하죠. 개들이 기분 좋을 때 내는 소리와 화가 나서 짖는 소리가 다르듯이 소리를 낼 수 있는 동물들은 소리로도 자신의 의사를 표시합니다. 야생 거위들은 특유의 '끼룩끼룩' 소리를 내며 대화를 하죠.

또 야생 거위가 서열 싸움에서 지거나 사회적으로 심한 스트레스를 받으면 의기소침한 자세로 바닥에 드러눕기도 합

니다. 이는 극도로 피로하거나 행복할 때 보이는 행동입니다. 예를 들어, 배우자를 힘이 센 다른 야생 거위에게 빼앗겼을 때도 이런 행동을 관찰할 수 있습니다.

사랑에 빠진 사람은 눈빛만 봐도 서로의 마음을 이해할 수 있다고 하지만, 눈빛으로 대화하는 동물은 거의 없습니다. 하지만 몸에서 특수한 물질을 방출해서 대화하는 경우는 꽤 많습니다. 이런 경우는 다양한 동작을 표현할 만큼 유연하지 못하며, 입에서 소리를 만들어 내지 못하는 곤충들에게서 많이 나타납니다.

과학자의 비밀노트

갈까마귀의 대화 방법

갈까마귀 같은 경우에는 그 소리를 흉내 내어 다음과 같은 대화를 나눌 수도 있다.

웝웝: 평화를 망치는 너는 누구냐?

비비비: 나는 여기 있어요. 당신은 어디에 계시나요?

빌르르르: 나도 졸려요. 안녕히 주무세요.

끼아: 함께 날아올라요.

끼아위: 어서 집으로 돌아오세요.

찌익찌익: 기분이 좋아요.

가가가: 여기가 마음에 드는군. 여기에 머뭅시다.

곤충들은 대부분 페로몬이라고 하는 분비물이 있어서 다양한 정보를 나눌 수 있습니다. 곤충뿐만 아니라 어류, 포유류 등에서도 다양한 페로몬이 발견됩니다. 최근에는 사람들도 이성에게 매력적으로 보일 수 있도록 '페로몬 향수'라는 것이 개발되어 팔리기도 합니다. 하지만 그 효과는 동물의 세계처럼 뚜렷하지 않습니다.

__동작과 말, 페로몬 외에 다른 대화 수단은 없나요?

사자나 호랑이, 개들은 자신의 영역을 표시하기 위해 배설물을 뿌려 놓기도 합니다. 그들이 뿌리는 배설물은 아마도 '접근하지 마세요' 또는 '여기부터는 제 영역입니다. 더 들어오시면 제 영역을 침범한 것으로 생각하고 공격할 수 있습니

다'라는 뜻을 표현하는 것일 겁니다. 따라서 멧돼지 등의 동물들은 호랑이의 배설물이 있는 곳을 일부러 피해 갑니다.

만화로 본문 읽기

야생 거위들은 어떻게 의사 표현을 하나요?
야생 거위들은 수컷이 암컷에게 사랑을 구하거나 싸움을 걸 때, 행동으로 의사 표현을 하지요.

그럼 동작만으로 정보를 교환할 수 있는 건가요?
그렇지는 않아요. 좋을 때나 흥에 넘칠 때에는 승리의 함성을 내지르기도 하고, 새끼가 위험하거나 외부의 적이 등장하면 날카로운 소리를 내기도 해요.
꽥
꽥

사람은 혀가 있어서 여러 가지 다양한 소리를 낼 수 있는데, 야생 거위들은 어떤가요?
야생 거위는 혀가 없어서 많은 소리를 내지는 못해요. 하지만 적에게 내는 소리와 사랑을 구하는 소리는 바로 구별이 가능하지요.
꽥 꽥
꾸에엑
꾸에엑

또 다른 동물들은 어떤 방법으로 대화하나요?
곤충들은 대개 몸에서 페로몬이라는 특수한 물질을 분비해서 다양한 정보를 나눌 수 있답니다.
그래? 정말 거기에 그렇게 먹을 것이 많단 말이야?

동작과 말, 페로몬 외에 다른 대화 수단은 없나요?
사자나 호랑이, 개 등은 배설물로 영역을 표시하지요. 배설물은 아마도 '접근하지 마세요'라는 뜻을 표현하는 것이지요.
여기는 내 구역이지!

멧돼지 등의 동물들은 호랑이의 배설물이 있는 곳을 일부러 피해 가지요.
똥이 더러워서 피하는 게 아니라 무서워서 피하는 거였군요.
이런 호랑이 x이잖아. 피해서 가야지….

여덟 번째 수업

8

야생 거위의 길 찾기

야생 거위는 추운 겨울이 되면 따뜻한 남쪽으로 이동합니다.
야생 거위가 길을 찾아가는 방법을 알아봅시다.

8

여덟 번째 수업

야생 거위의 길 찾기

교과 연계.

초등 과학 3-1	3. 동물의 한살이
초등 과학 3-2	2. 동물의 세계
초등 과학 5-2	1. 환경과 생물
초등 과학 6-1	5. 주변의 생물
중등 과학 1	4. 생물 구성의 다양성

로렌츠가 야생 거위의 이동에 대한 이야기로 여덟 번째 수업을 시작했다.

야생 거위의 이주 본능

봄의 짝짓기와 산란이 끝나고, 5월쯤에 깨어난 새끼 거위들은 알에서 깨어난 지 8주 정도가 지나면 보송보송한 솜털을 벗고 제법 거위의 모습을 갖추어 주변을 날아다닙니다.

그리고 8월이나 9월의 늦여름이 되어, 날개에 완전한 힘을 갖게 된 야생 거위들은 더 멀리 날아가려는 본능이 커지게 됩니다. 야생 거위들은 기본적으로 철새이기 때문에 가을이 되면 남쪽으로 날아가기 시작하죠.

한 학생이 슬퍼하며 말했다.

__그럼 우리가 키운 야생 거위들도 모두 남쪽으로 가겠네요.

그렇지 않습니다. 다른 야생 거위 무리와 어울려 어디론가 날아가고픈 본능에 남쪽으로 날아가는 거위도 있지만, 우리가 부화시킨 대부분의 야생 거위는 이 호수에 그대로 머뭅니다.

야생 거위의 이동은 반드시 필요한 것이라기보다는 새끼를 낳고 먹이를 구하기 위해서 가장 좋은 환경을 찾다가 얻어진 행동 양식으로 보입니다. 먹이와 환경이 어느 정도 갖춰지면 계절이 바뀌어도 한곳에 머무는 야생 거위들도 많습니다.

__대부분의 야생 거위는 계절에 따라 어디로 가야 하는지 알고 있나요?

가을이 되면 야생 거위들은 흥분에 들떠서 날아다닙니다. 기압이나 바람의 방향, 습도 등의 변화를 통해 어디론가 떠날 시기가 됐다는 것을 저절로 알게 되거든요. 이 시기에는 어디론가 날아가고 싶은 본능이 점점 커집니다.

이러한 이주 본능은 비단 야생 거위만의 특성은 아닐 겁니다. 사람들도 청년기에는 유난히 먼 곳으로 여행하는 것을

동경합니다. 아무런 이유 없이 먼 산 너머로 가 보고 싶은 생각이 들고, 강이나 들을 따라 마구 달려 보기도 하죠.

하지만 계절에 따라 움직이는 이동 경로와 장소는 야생 거위 무리들이 여러 장소를 오가면서 학습을 통해 배운 것입니다. 따라서 다른 야생 거위 무리와 어울리지 못하고 혼자 자란 야생 거위는 어디로 이동을 해야 하는지를 알지 못합니다. 즉, 야생 거위의 계절에 따른 이주는 반드시 필요한 것이 아니고, 이동 경로를 본능적으로 알고 있는 것도 아닙니다.

물론 동물에 따라 이동 경로를 태어날 때부터 알고 있어서 특정한 계절이 되면 저절로 이동을 시작하는 동물들도 있습니다. 하지만 야생 거위는 가야 할 장소를 배우기 전에는 미리 알지 못합니다.

야생 거위 중에는 중간에 무리를 놓치고 길을 잃어버리는 거위들도 많습니다. 또한 이동하는 거리가 멀수록 중간에 사라질 가능성은 높습니다. 물론 실제로 길을 잃어버린 것인지 아니면 중간에 마음에 드는 다른 무리나 장소를 따라 스스로 떠난 것인지는 분명하지 않습니다.

가을이 되면 호숫가에는 북쪽에서 다시 남쪽으로 이동 중인 여러 야생 거위 무리가 머물게 되고 그중에는 우리에게 낯익은 거위도 있습니다. 사람에 의해 부화된 거위 중 다른 야생 거위를 따라 이동하는 거위이지요.

하지만 그런 경우일지라도 중간에 꼭 들러 휴식을 취하기 때문에 그다지 섭섭한 것은 아닙니다. 세상의 모든 생물이 만나고 헤어지는 건 당연한 섭리입니다. 종종 우리를 떠나간 야생 거위가 집을 찾아오면 너무나 반갑고 기쁩니다.

__ 철새가 이동하지 않고 있으면 얼어 죽지 않나요?

날씨가 너무 추우면 당연히 이동을 해야 합니다. 그러나 우리가 야생 거위를 보호하는 호숫가는 다른 곳보다 겨울에 물의 온도가 높아 따뜻합니다. 야생 거위의 이동은 살기에 적합한 장소를 찾기 위한 것이기 때문에 특별히 이동할 필요가 없는 장소를 찾으면 멀리 이동하지 않습니다. 야생 거위들은 경험적으로, 이동을 해야 하는지 머물러도 되는지 깨닫습니다.

그럼에도 불구하고 멀리 날아가려는 본능이 강한 야생 거위는 다른 거위들을 따라가죠. 생존을 위해 이주하기 시작한 경험 행동이 쌓여 이주 본능으로 나타난 것이지만, 본능도 경우에 따라 어느 정도는 억제가 가능합니다. 본능이 강해 이주하려던 거위들은 오히려 이동 중에 길을 못 찾아 생명을 잃는 경우가 더 많습니다.

계절에 따른 이동은 그리 쉬운 것이 아닙니다. 아직 성숙하

지 못하고 무리 이동에 처음 참여한 어린 야생 거위들은 무리에서 떨어지기 쉽습니다. 이러한 어린 야생 거위는 적합한 장소를 찾지 못해 물이나 먹이가 부족해서 죽기도 합니다.

새들의 길 찾기

이동할 때에는 대개 무리 중에서 경험이 가장 많은 새가 앞장을 서서 V자 형태로 날아갑니다. V자형은 바람의 저항을 가장 적게 받는 무리 비행 방법 가운데 하나죠. 앞에서 날던 기러기가 지치면 서로 교대하면서 앞에 섭니다.

__ 철새들은 나침반이나 안내 그림이 있는 것도 아닌데 어떻게 방향을 찾나요?

아직 그 질문에 완벽하게 대답하기는 어렵습니다. 우리는 몇 가지 연구를 통해 추측할 뿐이죠. 낮에 이동하는 새들은 주로 태양을 나침반으로 이용하고, 밤에는 별이나 달의 위치를 보고 방향을 찾는다고 합니다. 하지만 이것만으로 모든 의문이 풀리지는 않습니다. 왜냐하면 날씨가 흐려서 태양이나 별이 보이지 않을 때에도 새들은 길을 찾아가기 때문입니다.

결국 몇몇 새에게는 지구의 자기장이 방향을 가르쳐 주는

이정표가 될 수도 있다는 것을 실험을 통해 확인했습니다. 길 찾기의 명수인 비둘기의 경우, 비둘기 머리와 목에 코일을 감아서 자기장이 반대로 되도록 만들면 방향 설정에 혼란을 겪게 됩니다. 하지만 태양이 떠 있는 상황에서는 자기장을 반대로 한 코일과 아무런 상관없이 길을 찾아갑니다.

비둘기는 자주 다니는 길의 건물이나 산, 나무 등을 보고 자기 집을 찾기도 합니다. 집에서 1km 정도 떨어진 공중에서는 거의 일직선으로 자기 집을 향하지만, 그보다 먼 거리에서는 회전 비행을 하여 집 주변을 탐색한 뒤 집의 방향을 알아내어 찾아갑니다.

하지만 비둘기는 태양과 자기장, 그리고 건물이나 산, 길 따위의 도움 없이도 집을 찾을 수 있습니다. 비둘기를 차에

태운 다음 건물이 빽빽이 들어찬 골목길로 달리다가 한참 뒤에 놓아 주어도 정확하게 집을 찾아오기 때문입니다.

최근에는 비둘기가 집을 찾을 때 냄새를 이용한다는 것이 밝혀지기도 했습니다. 하지만 냄새를 완전히 차단해도 집을 찾아옵니다. 비둘기가 길을 찾는 것은 우리가 지도와 나침반을 사용하는 것보다 훨씬 복잡하고 정교합니다. 사람들은 대부분 20Hz 이하는 듣지 못하지만 비둘기는 0.1Hz까지 들을 수 있죠. 또 비둘기는 우리가 볼 수 없는 자외선을 보거나 아주 미세한 진동을 느낄 수도 있습니다. 이러한 모든 능력이 길 찾기에 사용될 겁니다. 하지만 우리는 이러한 능력이 길 찾기에 어떻게 사용되는지는 아직 알지 못합니다.

우리는 인간이 가장 뛰어난 능력을 가지고 있다고 생각합니다. 하지만 동물들은 우리가 이해할 수조차 없는 능력을 갖고 있습니다. 철새들은 자신의 모든 능력을 발휘해서 길을 찾고 방향을 알아냅니다. 그러한 길 찾기는 장거리 여행에서 매우 중요한 능력이죠. 하지만 종종 타고난 능력이 있음에도 불구하고 길을 잃어버리기도 합니다.

과학자의 비밀노트

비둘기의 귀소 본능

비둘기가 낯선 곳에 옮겨진 상태에서도 정확하게 집을 찾아올 수 있는 것은 일종의 위성항법장치(GPS)를 타고났기 때문이라고 뉴질랜드 과학자들이 주장했다.

오클랜드 대학 마이클 워커 교수와 코듈라 모라 박사는 비둘기들이 지구 자기장의 위치에 반응하면서 정확하게 자기 집을 찾아간다고 설명했다. 그동안 과학자들은 비둘기가 자기장에 매우 민감하다는 사실은 발견했으나 비둘기가 자신의 위치를 확인하는 데 자기장을 어떻게 사용하는지는 구체적으로 알아내지 못했었다.

워커 교수는 연구 결과 비둘기들은 지역의 자기장 특성 등에 반응하면서 집을 찾아가는 것으로 나타났고, 심지어 마취를 시켜 먼 곳에 갖다 놓아도 집을 찾아가는 데는 아무런 문제가 없는 것으로 나타났다고 밝혔다.

만화로 본문 읽기

추워졌는데 철새가 이동을 하지 않고 있으면 얼어 죽지 않나요?
날씨가 너무 추우면 당연히 이동을 해야 하지만 이곳은 다른 곳보다 물의 온도가 높아서 따뜻하답니다.

야생 거위는 살기에 적합한 장소를 찾기 위해 이동하기 때문에 이동할 필요가 없는 장소를 찾으면 이동하지 않아요. 하지만 멀리 날아가려는 본능이 강한 야생 거위는 다른 거위들을 따라가지요.
나도 이제 이동해야겠다.

새들은 하루에 얼마나 이동할 수 있나요?
대부분 200~600km를 날지요. 계절에 따른 이동은 매우 힘들어서 무리에서 떨어진 새끼들은 적합한 장소를 찾지 못하면 물과 먹이가 부족해서 죽기도 해요.
엄마 너무 힘들어요.

그런데 철새들은 왜 하필 V자를 이루며 날아가는 건가요?
그것은 이동할 때 바람의 저항을 가장 적게 받기 위해서예요. 앞에서 날던 철새가 지치면 서로 교대하면서 날아가지요.
저항

철새들은 나침반이나 네비게이션도 없는데 어떻게 방향을 찾는지 알고 있나요?
글쎄요…. 철새들이 방향을 찾아서 날아가는 것을 보면 참 신기해요.
이번엔 이쪽 방향이다!

낮에는 태양을, 밤에는 별이나 달의 위치를 보고 방향을 찾는다고 과학자들은 추측하지요. 또 지구 자기장으로 방향을 알 수 있다는 것이 실험을 통해 확인됐답니다.

마지막 수업 9

동물 행동학이란 무엇일까?

동물 행동학은 동물과 대화하는 방법을 잊어버린 우리가
동물과 다시 대화를 시도하기 위한 학문입니다.
동물들과 대화하기 위해서 어떻게 해야 하는지 알아봅시다.

9

마지막 수업

동물 행동학이란 무엇일까?

교과연계.

초등 과학 3-1	3. 동물의 한살이
초등 과학 3-2	2. 동물의 세계
초등 과학 5-2	1. 환경과 생물
초등 과학 6-1	5. 주변의 생물
중등 과학 1	4. 생물 구성의 다양성

로렌츠가 조금 아쉬워하는 표정으로 마지막 수업을 시작했다.

로렌츠는 마지막 수업 시간이 되자 학생들을 찬찬히 바라보다가 칠판에 '동물 행동학'이란 글자를 크게 적었다. 이때 한 학생이 질문했다.

__ 동물 행동학이 뭔가요?

동물 행동학이라는 학문은 동물이 살아가는 생활 방식과 행동을 연구하는 학문입니다. 모든 동물은 여러 가지 행동을 통해 살아남고 자손을 남깁니다.

우리는 사람의 행동을 분석하기 위해 여러 가지 학문을 만

들었습니다. 사람들의 사회 생활 전체를 알아보기 위해 사회학이라는 분야가 생겨났고, 사람들의 마음과 그에 따른 행동 변화를 보기 위해 심리학이라는 학문이 생겨났습니다. 그러나 사실 이 세상에는 사람만 있는 것이 아닙니다. 아니 오히려 이 세상에서 사람은 아주 작은 부분을 차지하고 있을 뿐입니다.

우리는 너무 인간만을 바라보고 있습니다. 하지만 다른 동물들의 삶과 생활, 행동을 살펴보면 오히려 인간의 행동에 대한 실마리도 함께 찾을 수 있습니다. 물론 사람을 이해하기 위한 것이거나 단순한 놀이 상대가 아니더라도 동물은 그 자체로 소중합니다. 가끔은 동물들이 가지고 있는 세상에서 지혜를 배우고 싶기도 하죠. 하지만 불행히도 사람들은 동물

과 대화할 줄 모릅니다. 동물 행동학은 동물과 대화하는 방법을 잊어버린 우리가 동물과 다시 대화를 시도하기 위한 학문입니다.

대화를 하기 위해 우리가 해야 할 첫 번째 노력은 인내심과 순수한 관찰입니다. 많은 인내와 시간, 노력을 들여 함께하고자 했을 때 야생 거위들은 그들의 마음과 삶의 방식을 보여 줍니다. 그것은 야생 거위를 관찰하는 커다란 기쁨이지요.

우리가 기존의 동물에 대한 선입견에서 벗어나 자연을 마주하고 직접적인 관찰을 하면 동물들의 예기치 않은 행동을 발견할 수 있습니다. 그런 발견은 매우 흥미진진합니다.

그러나 동물들의 돌발적인 행동을 발견했다고 해서 우리의 지식으로 모두 설명할 수 있는 건 아닙니다. 오히려 설명하지 못하는 경우가 많습니다. 하지만 당시의 지식으로 설명되지 않던 행동에 대한 원인을 찾고, 그 행동이 동물의 생존에 어떠한 가치를 갖는지 알아내기 위해 노력하면 우리는 인간의 진화적 · 생물학적 배경의 기초를 찾아낼 수 있습니다. 그 과정은 마치 탐정이 증거와 범인을 쫓는 것처럼 가슴 두근거리는 작업입니다. 더구나 우리 주변에는 관찰과 애정을 기다리는 많은 동물들이 있습니다.

__동물 행동학은 그저 동물의 행동을 관찰해서 기록하는

것을 뜻하는 건가요?

단순히 동물의 행동을 기록하는 것만을 의미하지는 않습니다. 관찰되어 기록된 동물 행동의 원인을 찾기 위해 노력하는 것입니다. 새가 노래한다거나 우는 것 등 인간의 관점에서 그 동물의 감정과 행동까지 결정지어 설명하는 것이 아니라, 동물 행동의 원인을 찾아 생존과 진화적인 부분까지 추리해 내는 학문입니다.

이러한 동물 행동학은 그 원인을 찾는 방법에 따라 행동 생태학이나 행동 생리학, 행동 유전학, 행동 계통학, 행동 발생학 등으로 나눌 수 있습니다.

행동 생태학은 동물의 행동과 그 동물을 둘러싼 생물학적 환경이나 무기 환경과의 관계를 연구하는 학문입니다. 예를

들면, 야생 거위 주변의 생물이나 생활 환경이 변했을 때 나타나는 행동 변화를 살펴보는 것입니다. 따라서 여러 환경 조건의 변화에 따라 야생 거위들의 행동이 크게 변했을 때, 그 행동에 영향을 미치는 요소를 찾아낼 수 있습니다.

행동 생태학에서 나누어진 분야로 사회 생태학 혹은 사회 생물학이라는 것이 있습니다. 사회 생물학은 인간처럼 사회 생활을 하는 동물들의 환경과 사회 구조, 즉 그 동물들의 사회 생활을 연구하는 학문입니다. 야생 거위나 침팬지, 개미와 같이 사회 생활을 하는 동물들이 어떻게 가족을 구성하고 서열을 나누며 함께 행동하는지 알아보는 학문입니다.

그중에서도 행동 생리학은 행동의 생리학적 기초를 다루는 학문입니다. 즉, 야생 거위가 승리의 함성 의식을 치를 때 호

르몬은 어떻게 변화하고 뇌에서는 어떤 물질이 분비되는지 알아봄으로써 행동과 관련된 생리학적 변화와 특성, 조절 방법 등을 확인합니다. 행동 생리학이 발달하게 되면 인간이 동물에게 특정 물질을 주입하거나 전기적 자극을 가함으로써 동물의 특정한 행동을 일으키거나 조절할 수 있게 될 것입니다.

행동 유전학은 행동에 영향을 미치는 유전자들을 밝혀내기 위해서 유전적인 방법으로 행동 양식들을 연구하는 학문입니다. 우리가 본능이라고 부르는 것들이 유전자에 기록되어 있는지는 알 수 없지만, 특별한 학습 능력 없이도 태어나기 전부터 저절로 습득된 행동에는 어느 정도 유전자가 영향을 미칠 것입니다. 야생 거위의 각인 행동이 어느 유전자에 기

록되어 있는지는 모르겠지만 서서히 각 행동과 관련된 유전자들이 드러날 것이라고 생각됩니다.

동물 행동학에는 시간의 변천 과정과 함께 행동의 변화를 다루는 두 분야가 있습니다. 행동 계통학은 역사적 시간 속에서 행동을 나타내는 특징들이 계통 발생학적으로 어떻게 시작되어 변화되어 왔는지를 알아보는 학문입니다. 즉, 기러기목에 속하는 야생 거위가 긴 진화의 시간 속에서 어떻게 변화해 왔는지를 살펴보는 것입니다. 그에 비해 행동 발생학은 야생 거위 1마리의 일생의 행동 발달을 연구하는 것입니다. 이 행동 발생학은 알 상태에서의 행동 발달도 포함합니다.

행동학 중 최근에는 인간 행동학이라는 분야가 나타났습니다. 이 학문은 행동학적 방법으로 인간의 행동을 연구하는 것이 목표인데, 유전적으로 프로그램화되어 있는 규칙성에 관심을 갖습니다. 즉, 그 생물의 진화 과정과 적응 행동 간의 연관성에 대해 연구합니다. 비슷한 분야의 동물 행동학은 형태학이나 생리학, 유전학 등과 깊은 관계가 있지만, 동물의 형태나 생리적 특성, 유전자 그 자체보다는 그것들로 인해 외부로 드러나는 행동에 관심을 두고 있습니다.

야생 거위들은 생물학적으로 프로그램된 행동을 가지고 태어납니다. 이러한 행동은 더 잘 생존하기 위한 진화의 산물

이며 자연 상태에 그대로 노출될 때 확인할 수 있습니다.

우리는 야생 거위를 연구하기 위해 조심스럽게 접근해 왔습니다. 따라서 야생 거위의 서식지를 옮기거나 부화시키거나 비행을 위한 연습을 할 때도 가능하면 야생의 상태 그대로를 보존하고 손상시키지 않기 위해 노력했습니다. 아마 그것이 사람이든 동물이든 누군가를 이해하기 위해 필요한 최소한의 예의일 겁니다.

다른 생물들과 많은 시간을 함께하고 그들의 삶의 방식을 관찰하다 보면 가끔 풀리지 않았던 사람 사이의 오해와 관계에 대한 해결책을 얻게 되기도 합니다. 동물들의 대화를 들을 줄 아는 사람은 사람들과도 오해 없이 대화를 나눌 수 있습니다.

동물들도 사랑을 할 줄 알고 감정이 있습니다. 동물들이 오히려 사람들보다 더 많은 감정을 가지고 있는 것 같습니다. 주인을 반기며 꼬리 치는 강아지의 모습을 볼 때면 이 세상 그 누구보다 소중한 사람처럼 느껴지기도 하죠. 하지만 동물들마다 자신의 감정을 표현하는 방식은 다릅니다. 같은 동작이 같은 감정을 표현하는 것은 아니죠.

그래서 우리 인간은 다른 동물들과 대화하는 방법을 알지 못합니다. 사람들의 대화 방식을 동물에게도 그대로 적용하려 하니까요. 야생 거위를 이해하는 과정에서 우리는 누군가를 이해하기 위해 필요한 최소한의 예의를 배우게 될 것입니다.

동물에게도 그들의 사회가 있고, 서로 사랑을 합니다. 우리는 많은 동물들과 함께하고 있지만 대부분의 동물들에 대해 아무것도 알지 못하고 있습니다.

어쩌면 우리가 그들의 속삭임과 대화를 듣지 못하고 있는지도 모르겠습니다. 그들은 자신을 보여 주고 설명하며 함께하고자 하지만 우리가 관심을 기울이지 않기 때문에 그들이 더 이상 우리와의 소통을 포기해 버린 것인지도 모릅니다.

동물 행동학은 동물과 인간이 서로 소통하는 방법을 가르쳐 주는 학문입니다. 집에 개나 고양이 혹은 햄스터나 거북이 등 어떤 동물이라도 한 번 주의 깊게 관찰해 봅시다. 새로운 세계에 대한 이해가 시작될 겁니다.

만화로 본문 읽기

너 지금 개하고 대화하는 거야? 머리가 살짝 어떻게 된 거 아니니?
멍
멍
멍
왈 왈

우리는 가끔 동물들의 세상에 대한 지혜를 배울 필요가 있지요. 동물 행동학은 동물과 대화하는 방법을 잊어버린 우리가 동물과 다시 대화를 시도하기 위한 학문이랍니다.

동물들과 대화를 하기 위해 우리가 해야 할 첫 번째 노력은 인내심과 순수한 관찰이에요.
동물들의 생활 방식과 행동을 연구하는 학문이 동물 행동학이군요.
멍 — 멍 — 멍 멍
왈 왈

동물 행동학은 동물 행동을 관찰해서 기록하는 것인가요?
단순한 기록은 아니에요. 관찰하여 기록한 동물 행동의 원인을 찾아 생존과 진화적인 부분까지 추리해 내는 학문이랍니다.

동물 행동학을 어떻게 분류할 수 있나요?
동물행동학은 그 원인을 찾는 방법에 따라 행동생태학이나 행동생리학, 행동 유전학, 행동 계통학, 행동 발생학 등으로 나눌 수 있어요.
동물행동학
행동생태학
행동생리학
행동유전학
행동계통학
행동발생학

그러면 철이의 행동은 동물 행동학 중에서 어떤 것일까요?
내가 보기에 저 행동은 그냥 실없는 행동 같은데….
멍
멍 멍
왈 왈

부 록

야생 거위와 관련된 이야기들

야생 거위는 사람들에게 매우 가깝고 친근한 동물입니다.
책으로 만들어진 《닐스의 신기한 여행》과 《아름다운 비행》을 통해서
야생 거위에 대해 자세히 알아봅시다.

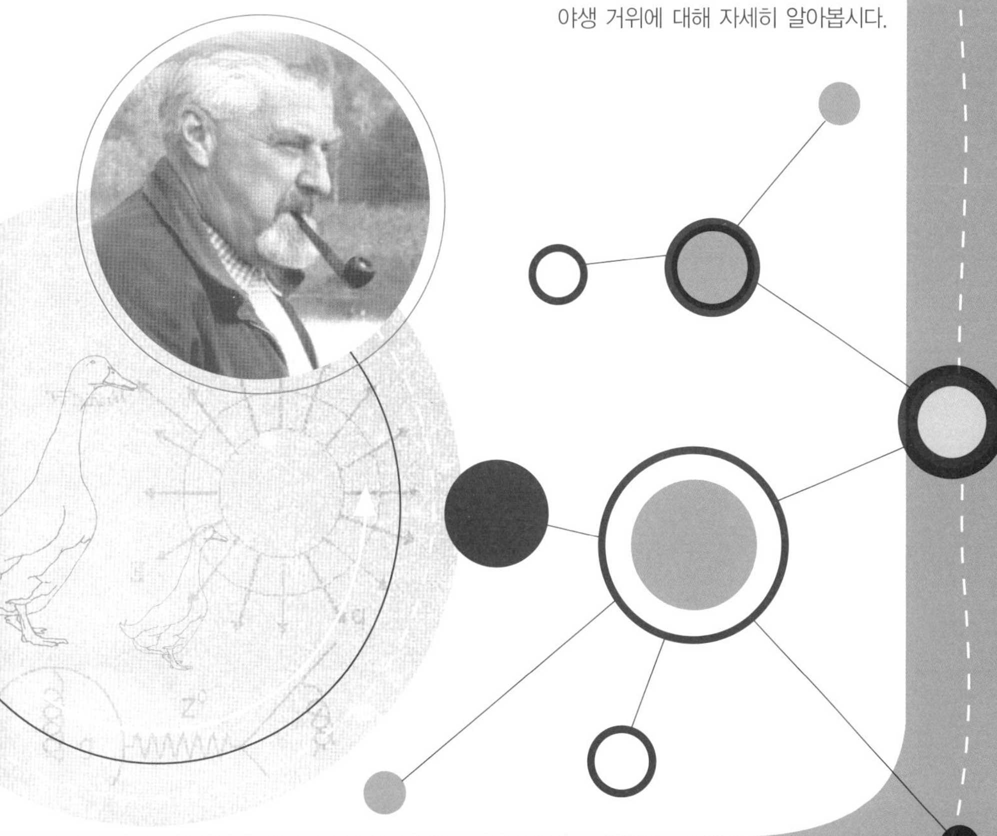

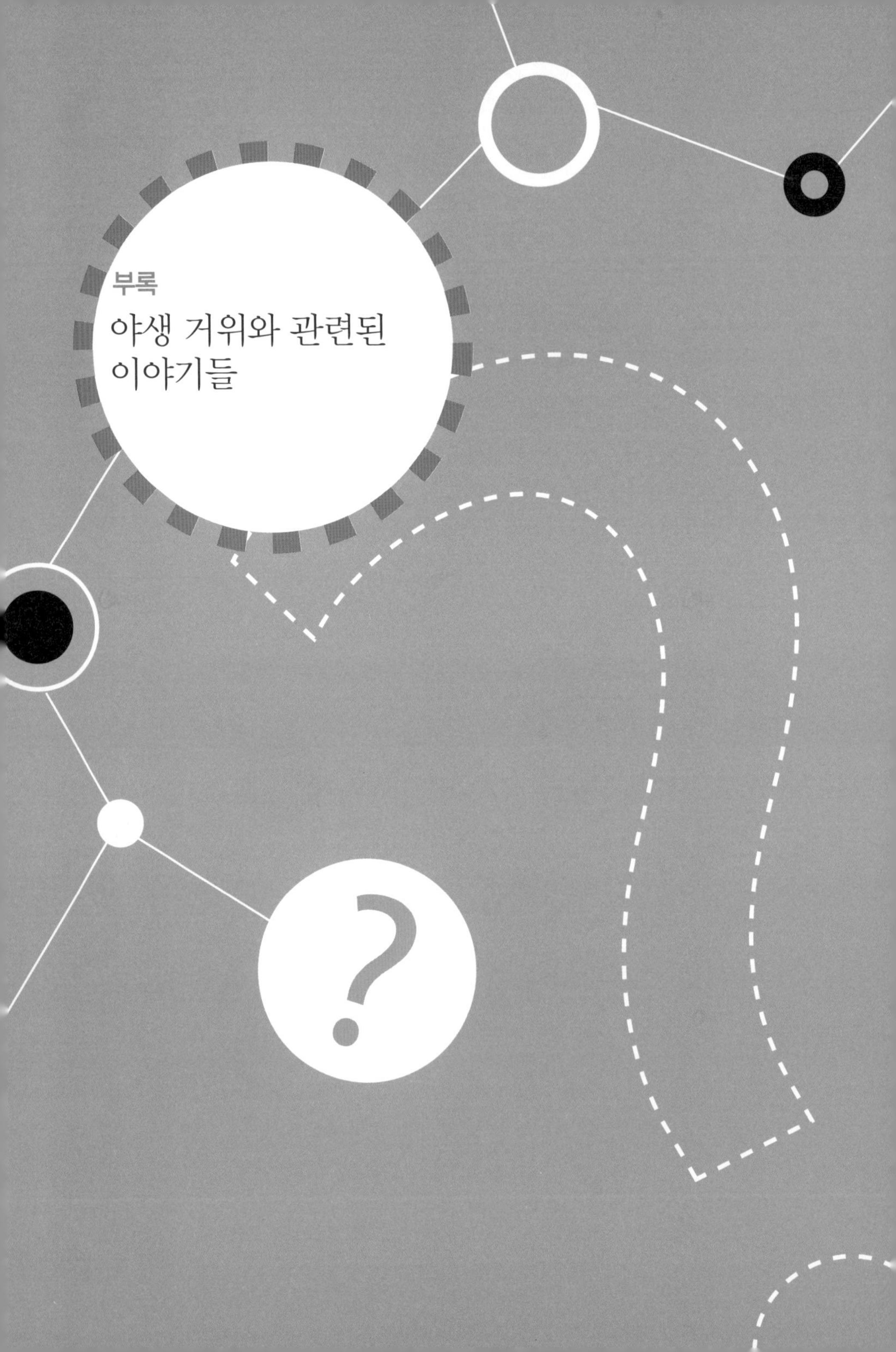

부록

야생 거위와 관련된 이야기들

야생 거위는 사람에게 매우 가깝고 친근한 동물입니다.

야생 거위는 종종 우리가 보는 만화나 영화의 소재가 되기도 하죠. 나는 오늘 여러분들이 야생 거위를 이해하는 데 도움이 될 만한 만화와 영화를 한 편씩 소개하려고 합니다.

닐스의 신기한 여행

먼저 내가 소개하려는 이야기는 《닐스의 신기한 여행》이라는 동화책입니다. 아마 여러분들은 만화로 된 《닐스의 신기한 여행》은 보지 못했을 겁니다. 내가 여러분 나이일 적에 본 만화 영화이니 지금 보면 유치하고 어색하겠죠.

어느 날 요정을 잡은 개구쟁이 닐스는 요정의 마법으로 거위의 날개를 타고 날아다닐 수 있을 정도로 아주 작아집니다. 닐스의 집에는 야생 거위가 아니라 집 거위로 사육되어 날지 못하는 거위 몰텐이 있었습니다. 몰텐은 푸른 하늘을 날아서 철새들의 꿈의 고향인 라프랜드로 가고 싶어 합니다.

닐스가 작아진 그 순간 몰텐은 날 수 있게 됩니다. 그러자 닐스와 몰텐, 그리고 닐스의 햄스터 캐럿은 야생 거위 무리의 대장 아카의 도움을 받아 라프랜드로 떠나게 됩니다.

여기에서 중요한 건 요정의 마법에 걸린 닐스가 모든 동물과 대화를 나눌 수 있다는 겁니다. 닐스가 장난치며 괴롭히기만 했던 햄스터와 거위들이 닐스의 친구가 되어 대화를 하고, 도움을 주며, 서로를 위해 희생하기도 합니다. 즉, 서로 다른 동물들로 이루어진 작은 사회를 이룬 겁니다.

동물들의 말을 이해하기 전까지 닐스는 동물 따위는 괴롭혀도 상관없다고 생각했습니다. 야생 거위 또한 닐스와 여행을 함께 하기 전에는 인간을 지저분한 적으로 생각했습니다. 동물들의 눈에 인간은 자연을 파괴하고 동물들을 괴롭히며 잡아먹고 죽이는 존재였던 겁니다.

야생 거위와의 긴 여행을 통해 장난꾸러기 닐스는 성장하게 되고 따뜻한 마음을 배웁니다. 그러나 라프랜드를 돌아서

집으로 돌아왔을 때에도 요정의 마법은 풀리지 않습니다. 요정은 닐스의 마법을 풀어 주는 대가로 닐스와 가장 가까운 거위인 몰텐의 생명을 요구하죠.

"몰텐은 내 친구란 말이야."

눈물을 흘리며 몰텐을 보호하는 닐스의 마음은 요정을 감동시켜 다시 원래 모습으로 돌아오게 합니다. 하지만 인간 세상으로 돌아온 닐스는 동물들과 대화하는 능력을 잃어버리게 되지요.

사람들이 자연 속에서 동물과 나무와 대화하지 못하는 것처럼, 닐스도 인간 세상으로 돌아온 순간 다른 동물들과 소통할 수 없게 됩니다. 하지만 여행했던 기억을 통해 동물들을 소중히 여기고 함께하고자 하는 마음을 배우게 된다는 내용이죠.

우리가 이 책에서 살펴본 야생 거위의 행동과 생활 모습을 통해, 닐스가 여행에서 느낀 것처럼 동물을 아끼고 사랑하며 함께하고자 하는 마음이 여러분에게도 생기게 되기를 바랍니다.

아름다운 비행

다음으로 소개할 것은《아름다운 비행》이라는 영화입니다. 1996년에 만들어진 영화로, 여행 중에 교통사고로 엄마를 잃고 10년 만에 아버지와 다시 만난 에이미라는 소녀의 이야기입니다.

서먹서먹한 아버지와 엄마를 잃은 슬픔 속에서 방황하던 에이미는 개발 업자들의 횡포로 속이 훤히 드러난 늪 주위를 거닐다가 미처 부화하지 못한 야생 거위의 알을 발견합니다.

조심스럽게 집으로 옮겨진 거위 알들은 에이미의 따뜻한 손길 속에서 귀여운 새끼 거위들로 태어나게 되죠. 막 태어난 새끼들은 각인 현상에 따라 에이미를 엄마처럼 따라다닙

니다. 어쩔 수 없이 에이미는 거위 16마리의 엄마가 되었습니다.

하지만 야생 거위를 집에서 키우는 것은 불법이라며 경찰이 찾아옵니다. 그래서 에이미와 아빠는 야생 거위들이 스스로 살아갈 수 있도록 하늘을 나는 법을 가르치기로 합니다.

어차피 야생 거위는 철새이기 때문에 추위가 몰아치기 전에 따뜻한 남쪽으로 이동해야 했습니다. 새들을 날게 하기 위해 아빠는 경비행기를 타지만 새들은 덩치가 너무 큰 경비행기를 따라 날지 않습니다. 할 수 없이 아빠는 에이미를 위해 또 하나의 경비행기를 만들고 하루하루 어렵게 비행기 조종술을 익혀 갑니다. 그리고 에이미와 아빠는 길고 험난한

비행을 함께 합니다.

야생 거위와 함께 시간을 보내기 전에 에이미는 주변의 그 누구에게도 쉽게 마음을 열지 못했습니다. 어머니를 잃어버린 슬픔을 아버지에게조차 표현하지 못했죠.

이 영화 속에서 에이미는 야생 거위와 함께하면서 주변과 대화하는 방법을 배우게 됩니다. 서먹했던 아버지와도 친해지고 주변의 자연도 받아들이게 된 거죠. 동물들과 대화할 수 있는 사람은 그 누구와도 대화를 나눌 수 있는 것을 잘 보여 주는 영화입니다.

야생 거위의 흥미롭고 재미있는 특성들은 우리에게 만화와 동화, 영화를 통해 보여지기도 하지만, 가장 재미있는 것은 역시 야생 거위와 직접 시간을 보내는 것입니다.

야생 거위가 없다면 주위를 둘러보세요. 많은 동물들이 여러분과의 대화를 기다리고 있을 겁니다.

과학자 소개

각인 이론을 정립한 로렌츠Konrad Zacharias Lorentz,1903~1989

로렌츠는 오스트리아의 동물학자로 비교 동물학의 아버지입니다. 정형외과 의사의 아들로 태어나 어려서부터 동물에 관심을 보였고, 소년 시절에는 여러 동물을 길렀다고 합니다.

로렌츠는 뉴욕 컬럼비아 대학에서 의학을 공부하고 빈으로 돌아와 1928년 빈에서 의사 자격증을, 1933년 동물학 박사 학위를 받았습니다.

그는 1973년 동물이 혼자 행동할 때와 함께 행동할 때 어떤 특징을 보이는지 등에 대한 연구 공로로 네덜란드의 틴베르헌(Nikolaas Tinbergen), 독일의 프리슈(Karl von Frisch)와 공동으로 노벨 생리 의학상을 받았습니다.

로렌츠는 한때 인간의 개량에 관심을 두고 국가 사회주의(나치즘)에 빠지기도 합니다. 일부에선 당시 가톨릭 사회가 동물학을 홀대했던 것에 비해 나치 정부가 연구를 지원하고 교수직을 준 것이 로렌츠에게 영향을 미쳤다고 해석합니다.

로렌츠는 군에 자원입대했다가 옛 소련군에 체포돼, 6년 동안 포로 수용소에 갇혀 지냈습니다. 소련에서 풀려 나온 뒤 나치 전력 때문에 교수직을 얻지 못해 힘든 시간을 보내다 알텐베르크 비교 행동학 연구소를 거쳐, 독일의 막스 플랑크 연구소에서 그의 천직인 동물학 연구에 전념했습니다.

그는 생물 교과서에도 소개되는 '각인 이론'을 정립했습니다. 인공 부화로 갓 태어난 오리들이 자기를 부모로 알고 따라다니는 것을 보고, 동물은 '결정적 시기'에 처음으로 감각 경험을 한 것에 본능적으로 영향을 받는다는 것을 이론화한 것입니다.

과학 연대표

언제, 무슨 일이?

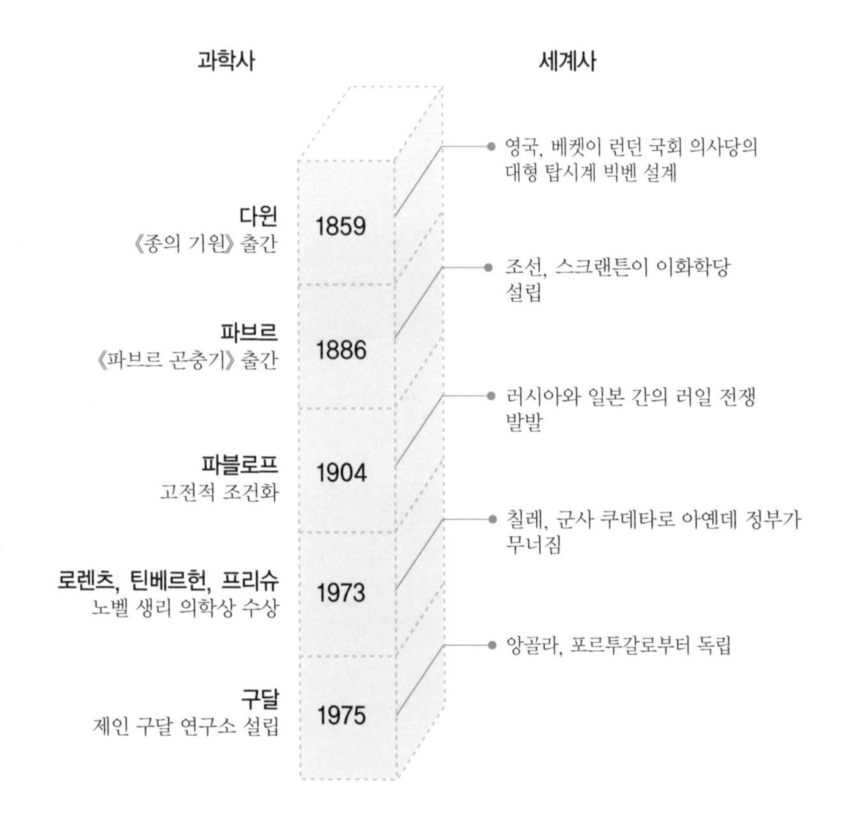

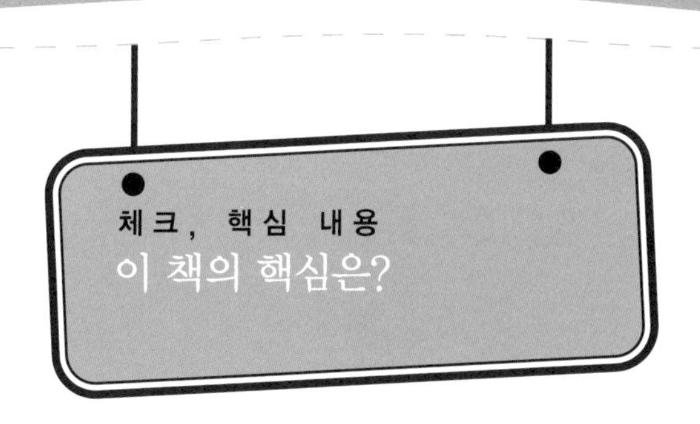

체크, 핵심 내용
이 책의 핵심은?

1. 거위는 태어난 후 처음 몇 시간 동안 움직이고 대화를 나눈 상대를 엄마로 생각하는데 이것을 □□이라고 합니다.
2. 암컷 거위와 수컷 거위는 두 거위의 마음이 하나라는 것을 확인하기 위하여 □□을 합니다.
3. 곤충들은 대부분 □□□이라고 하는 분비물로 다양한 정보를 나눕니다.
4. 몇몇 새의 경우 지구의 □□□이 방향을 가르쳐 주는 이정표가 될 수 있습니다.
5. 비둘기의 경우, 머리에 코일을 감고 전지를 이어 자기장의 □□□이 반대가 되도록 하면 길을 찾지 못하고 반대 방향으로 날아갑니다.
6. □□ □□□이란 동물이 살아가는 생활 방식과 행동을 연구하는 학문입니다.

1. 각인 2. 합창 3. 페로몬 4. 자기장 5. 남북극 6. 동물 행동학

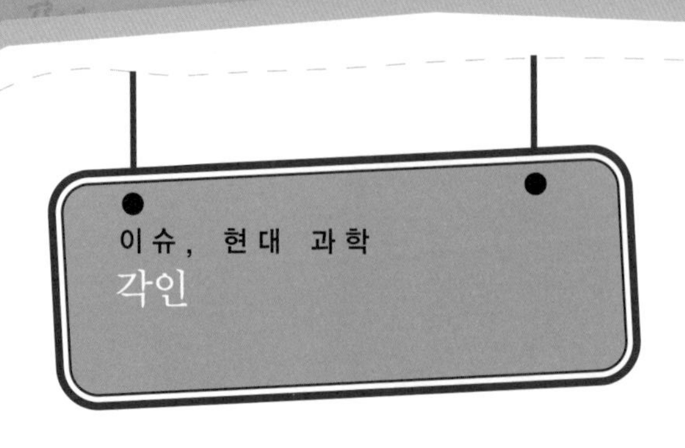

'각인'은 1973년 오스트리아의 동물학자 로렌츠가 발견하였습니다. 어떤 결정적인 시기에 특정한 애착 대상에 대하여 각인이 형성되고, 각인된 대상에 대하여 애착 관계가 이루어진다는 이 이론은 더 이상 동물에게만 사용되고 있지 않습니다. 아동의 발달 과정 연구뿐 아니라 인간 관계의 이론에서도 각인 이론이 사용되고 있습니다.

이 이론은 사람의 첫인상에서도 사용될 수 있습니다. 첫인상이 결정되는 시간은 단 5초입니다. 그 결정적인 순간 상대에게 나를 강하게 각인시키면, 상대는 나의 추종자가 될 수 있습니다.

대인 관계에 있어서 마음의 상태는 4개로 이루어져 있습니다.

(1) 자신이 알고 있고 타인도 인지하는 영역(open area)

(2) 자신은 알고 있지만 타인에게는 숨기고 있는 영역(private area)

(3) 자신은 알 수 없으나 타인으로부터 잘 관찰되는 영역(Blind area)

(4) 자신에게도 타인에게도 인지되어 있지 않은 영역(hidden area)

이러한 구분을, 고안자인 루프트(Joseph Luft)와 잉햄(Harry Ingham)의 이름을 결합하여 '조하리의 창'이라고 합니다. 타인에게 나를 강하게 각인시키기 위해서는 4가지의 상태 중 '(1) 열린 창'을 넓혀가는 것이 중요합니다.

자신의 인상과 이미지는 스스로 선택하여 상대에게 각인시킬 수 있습니다. 상대방이 봐 주기를 바라는 포인트를 확실하게 정한 후 약점을 커버하고, 나아가 약점을 강점으로 포장하되 여러 이미지를 총체적으로 조화롭게 만드는 것입니다. 이렇게 상대에게 나를 잘 포장하기 위해서는 무엇보다 나 자신을 잘 알고 타인으로 하여금 그것을 알도록 하는 것이 중요합니다.

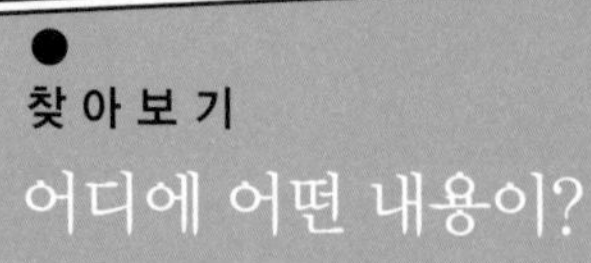

찾아보기

어디에 어떤 내용이?

ㅎ